Das Kosmos-Buch der

TIER REKORDE

GABRIELE COLDITZ

Das Kosmos-Buch der

TIER REKORDE

FRANCKH - KOSMOS

INHALT

Kapitel 1
Einfach tierisch

Kapitel 2
Der 7. Sinn

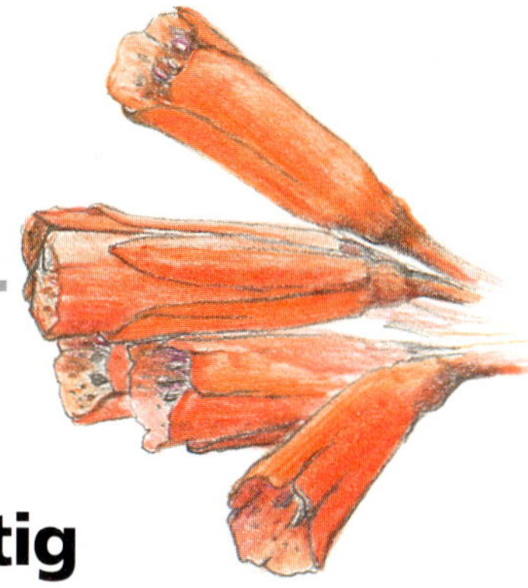

Kapitel 3

Überlebenskünstler

Kapitel 4

Rekordverdächtig

KAPITEL 1

EINFACH TIERISCH

Fische schwimmen verkehrt herum, Krebse klettern auf Bäume, Ameisen backen Brot und Affen baden in heißem Wasser: Viele Tiere zeigen ungewöhnliche Verhaltensweisen. Sie haben dieses Verhalten entwickelt, um sich an ihre Umwelt besonders gut anzupassen. Dadurch haben sie oft Vorteile gegenüber anderen Tierarten.

Fische stehen Kopf
Seite 8 / 9

Was bringt die Krabbe auf die Palme?
Seite 10 / 11

Wassertank im Brustgefieder
Seite 12 / 13

Brotbäcker und Pilzzüchter
Seite 14 / 15

Wenn's den Affen zu kalt wird
Seite 16 / 17

Gemeinsam sind wir stark
Seite 18 / 19

FISCHE STEHEN KOPF

Die meisten Fische schwimmen mit dem Kopf voran durchs Wasser. Der Bauch zeigt nach unten und der Rücken nach oben. Es gibt aber einige Fisch-Arten, die anders schwimmen. Bei ihnen zeigt der Kopf nach oben oder nach unten, oder sie drehen sich einfach auf den Rücken.

Seenadeln sind Meeresfische mit einem langen, dünnen Körper und nur wenigen, kleinen Flossen. Sie schwimmen senkrecht mit dem Kopf nach oben zwischen Wasserpflanzen umher und suchen dort nach Nahrung. Mit ihrem dünnen Körper fallen sie zwischen den Pflanzen kaum auf. So sind sie gut vor Feinden getarnt.

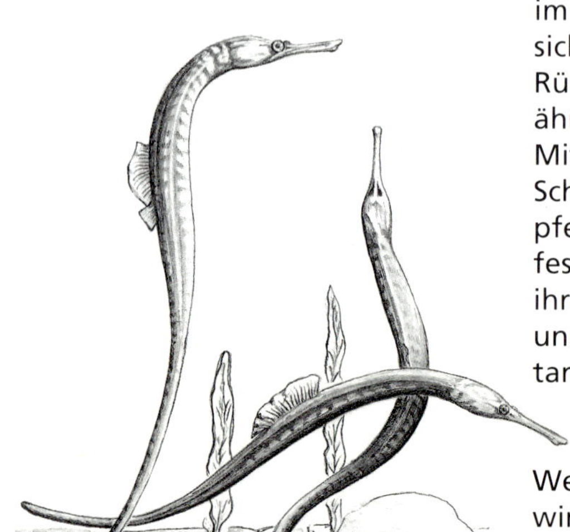

Zu den Seenadeln gehören auch die Seepferdchen. Seepferdchen schwimmen aufrecht im Wasser. Sie bewegen sich mit Hilfe der Rückenflosse. Ihr Kopf ähnelt einem Pferdekopf. Mit ihrem langen dünnen Schwanz halten sich die Seepferdchen an Wasserpflanzen fest. Sie können die Farbe ihrer Umgebung annehmen und sich auf diese Weise tarnen. Die Männchen haben am Bauch eine Tasche. In diese Tasche legt das Weibchen die Eier. Die Tasche wird dann fest verschlossen und erst nach drei Wochen wieder geöffnet, wenn die Jungen ausschlüpfen.

Der Rückenschwimmende Kongowels aus Afrika (Bild unten) beherrscht eine ganz andere Schwimmweise.
Er dreht sich einmal um sich selbst und schwimmt auf dem Rücken. Sein Bauch zeigt dabei nach oben. Das Maul befindet sich auf der Unterseite des Kopfes.
Normalerweise frißt er vom Boden. Er kann aber auch von der Wasseroberfläche fressen und Holzstücke abgrasen, weil er sich umdreht.
So erreicht er schnell kleine Insekten, die auf das Wasser fallen. Andere Welsarten müssen erst warten, bis die Nahrung auf den Grund sinkt.

Der Kopfsteher gehört zur Fischgruppe der Salmler und hat einen langen, schlanken Körper. Er schwimmt immer mit den Kopf nach unten und frißt vom Boden. Zur gleichen Gruppe gehören die Bleistiftfische, die ihr Kopfende beim Schwimmen schräg nach oben richten.

Wie schwimmen Fische ?

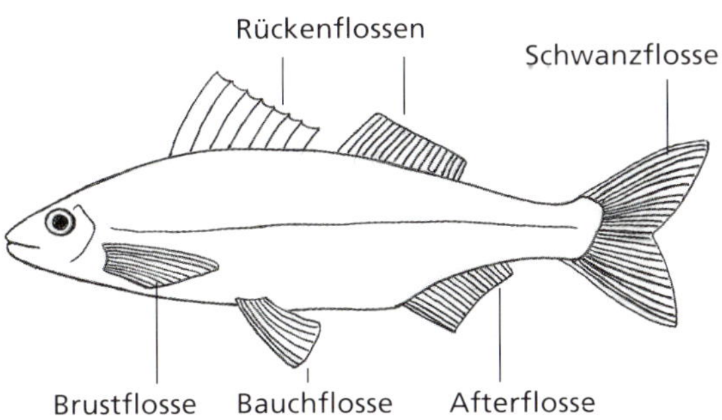

Die meisten Fische haben einen stromlinienförmigen Körper, damit sie beim Schwimmen möglichst wenig Widerstand haben. Je schneller die Tiere schwimmen können, desto schnittiger ist ihre Körperform. Die Haut oder die Schuppen der Fische sind zusätzlich mit Schleim überzogen. So gleiten sie noch leichter durch das Wasser. Als Antrieb und zum Lenken benutzen Fische ihre Flossen. Die Brustflossen und die Bauchflossen sind paarig, das heißt, sie kommen immer doppelt vor. Mit ihnen können Fische ihre Schwimmrichtung lenken. Unpaarig, also einzeln, sind die Rückenflosse, die Schwanzflosse und die Afterflosse. Schwanzflosse und oft auch noch die Brustflossen dienen dem Antrieb. Die Rücken- und die Afterflosse sorgen dafür, daß der Fisch gerade im Wasser steht. Manche Fische wie die Aale, besitzen nur noch winzige Flossenreste. Daher müssen sie den ganzen Körper schlängelnd bewegen, um voranzukommen.

WAS BRINGT DIE KRAB

Krebse heißen auch Krustentiere, weil die meisten einen harten Panzer besitzen. Sie können winzig sein, wie der Wasserfloh, aber auch sehr groß, wie der Hummer. Krebse haben mindestens zehn Beine, manchmal sogar noch mehr. Die vorderen beiden Beine sind zu Scheren umgebildet. Mit ihnen fangen die Krebse hauptsächlich ihre Beute.

Ein Krebs, der seine Scheren sogar zum Klettern benutzt, lebt auf Inseln im Indischen Ozean. Dieser Krebs wird Palmendieb oder Kokoskrebs genannt (Bild oben und unten). Er wird bis zu 30 cm groß und klettert auf Palmen. Mit seinen kräftigen Scheren öffnet er Kokosnüsse, die auf den Boden gefallen sind. Nur den großen Palmendieben gelingt es, die harten Kokosnüsse zu öffnen. Mit der einen Schere halten sie die Kokosnuß fest und mit der anderen knacken sie die harte Außenschale.
Dann zieht der Palmendieb die Kokosfasern nach und nach ab, bis er an die innere Frucht gelangt. Palmendiebe ernähren sich auch von anderen Früchten. Außerdem fressen sie Aas, also tote Tiere, und jagen kleinere Krebse.

Einsiedlerkrebse haben einen weichen Körper und bewohnen deshalb die Schalen von Schnecken und Muscheln. Wenn sie für ihr Häuschen zu groß geworden sind, ziehen sie einfach aus und suchen sich eine neue Wohnung.

Palmendiebe gehören auch zu den Einsiedlerkrebsen. Die Jungtiere sind noch so weich, daß sie ein schützendes Haus brauchen. Später bekommen sie aber einen harten und stabilen Panzer und kommen ohne eine Schnecken- oder Muschelschale aus.

BE AUF DIE PALME?

Wie werden Inseln besiedelt?

Inseln im Meer entstehen oft durch Vulkane. Die flüssige Lava wird im Wasser fest und bildet allmählich eine Insel. Solche Inseln sind zunächst völlig unbewohnt. Später siedeln sich einfache Pflanzen dort an, deren Samen vom Wind hergeweht wurden. Tiere gelangen nur dorthin, wenn sie das Meer überqueren können. Insekten und andere Kleintiere werden mit dem Wind hergeweht. Manche Vögel, die abgetrieben wurden, landen auf der neuen Insel. Einige Echsen und Säugetiere sind sehr gute Schwimmer und gelangen auf diese Weise an Land. Sogar Nichtschwimmer unter den Tieren überqueren das Meer auf einem Stück Treibholz oder fahren im Fell oder Gefieder eines anderen Tieres mit.

Die Tiere auf Inseln entwickeln sich ungestört weiter und verändern sich im Lauf der Zeit. Deshalb gibt es auf vielen Inseln Arten, die nur dort vorkommen.

Ursprünglich sind alle Krebstiere Wasserbewohner. Sie atmen durch Kiemen.

Krebse nehmen den lebensnotwendigen Sauerstoff aus dem Wasser auf. Wenn sie an Land leben, so wie der Palmendieb, liegen die Atmungsorgane gut geschützt in einer wassergefüllten Kammer innerhalb seines harten Panzers. So kann der Palmendieb zwar an der Luft leben, mit seinen Kiemen aber im Wasser atmen. Das Weibchen des Palmendiebs legt Eier und heftet sie sich an die Beine. Die Eier müssen ständig feucht gehalten werden. Wenn die kleinen Krebse ausschlüpfen, sehen sie ihren Eltern noch gar nicht ähnlich. Sie werden Larven genannt. Das Weibchen bringt ihren Nachwuchs ins Wasser. Die kleinen Larven wachsen dort heran und kommen später wieder an Land.

WASSERTANK IM BRU

Das größte Problem für Wüstentiere ist die ausreichende Versorgung mit Wasser und die Gefahr der Überhitzung. Viele Vögel und Säugetiere legen weite Strecken zurück, um Wasserstellen zu finden und dort ihren Durst zu löschen. Manche Tiere können nicht über solch große Entfernungen wandern, sie bekommen Wasser auf andere Weise.

In den Wüstengebieten Afrikas und Asiens, wo es kein Wasser gibt, leben die Flughühner (Fotos unten). Da sie Körnerfresser sind, also trockene Nahrung aufnehmen, müssen sie regelmäßig trinken. Deshalb fliegen sie jeden Tag zu Wasserstellen, die bis zu 50 km weit entfernt sein können. Die Flughühner brüten auch in den trockenen Gebieten und müssen ihre Jungen, die noch nicht fliegen können, ebenfalls mit Wasser versorgen. Hierzu haben sie eine ganz besondere Technik entwickelt: Die Eltern fliegen zu den Wasserstellen und tauchen ihr ganzes Brustgefieder ins Wasser. Die weichen Daunenfedern sind so gebaut, daß sie sich vollsaugen können. Wenn die Federn genug Wasser aufgenommen haben, fliegen die Flughühner zurück zu ihren Jungen. Sie legen dabei manchmal bis zu 30 km zurück. Die Kleinen versammeln sich dann um die Mutter oder den Vater und saugen das Wasser aus dem Brustgefieder heraus. Auf diese Weise erhalten die Jungen so lange Wasser, bis sie selbst fliegen können.

STGEFIEDER

Wie schützen sich Vögel vor Hitze?

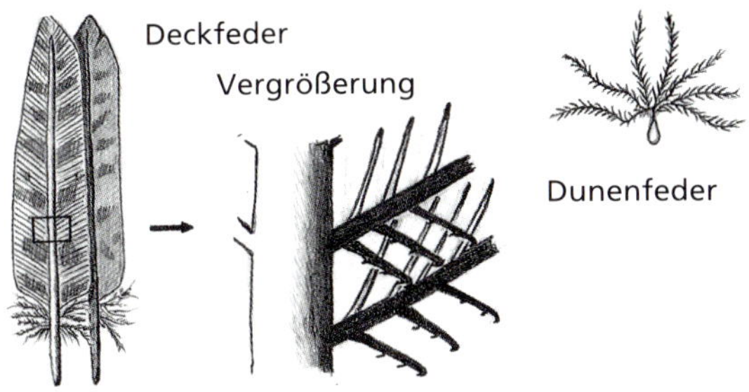

Um sich selber vor Hitze zu schützen, suchen Vögel, wenn es möglich ist, Schatten auf. Außerdem wärmt das Federkleid nicht nur bei Kälte, sondern hält auch Hitze vom Körper ab. Die Federn bestehen aus einem Kiel, an dem zu zwei Seiten feine Federäste sitzen. Sie sind durch kleine Häkchen miteinander verbunden.
Die feinen Dunenfedern sind wie Pinsel aufgefächert. Sie dienen hauptsächlich als Wärmeschutz. Zwischen den Federn wird Luft eingeschlossen. Luft isoliert sehr gut. Damit das Gefieder richtig schützt, müssen die Federn immer gründlich geputzt werden. Bei Störchen, deren Nester ungeschützt der Sonne ausgesetzt sind, beschatten die Eltern ihren Nachwuchs mit den Flügeln.

Der Krokodilwächter, auch ein Vogel, versorgt seine Jungen auf eine andere Weise mit Wasser. Er verschluckt es, fliegt dann zu seinen Jungen und erbricht vor ihnen die Flüssigkeit, damit sie trinken können. Der Krokodilwächter lebt dort, wo es Nilkrokodile gibt. Seinen Namen hat er erhalten, weil er die Krokodile durch sein Geschrei vor herannahenden Gefahren warnt.
Der Krokodilwächter legt seine Eier auf dem Boden ab. Damit sie nicht zu stark erwärmt werden, vergräbt er sie im Sand. Auch die Jungen werden bei Gefahr manchmal noch im Sand versteckt.

BROTBÄCKER UND PIL

Ameisen gehören zu den Insekten und leben in großen Gemeinschaften, die Staaten genannt werden. Ein Staat kann aus vielen tausend Tieren bestehen. Ameisen wohnen in einem Bau unter der Erde oder in einem selbsterrichteten Ameisenhügel.

Die Amazonenameisen überfallen fremde Ameisenstaaten, rauben dort die Puppen und bringen sie in ihr eigenes Nest. Die aus den Puppen geschlüpften Arbeiterinnen müssen die Arbeit in dem fremden Staat erledigen.

Blattschneiderameisen (Fotos links) leben in Südamerika. Sie bauen ihre Nahrung selbst an. Dazu schneiden die Ameisen Stücke aus Blättern heraus und tragen sie in ihren Bau. Dort werden die Blattstücke zerkaut und mit Kot gedüngt. Auf diesem Brei wachsen Pilze. Sie bilden weiße Knollen, die Ameisen-Kohlrabis genannt werden und dem Ameisenstaat als Nahrung dienen.

Die Ernteameisen leben im Mittelmeerraum und in Nordamerika. Sie heißen auch Getreideameisen, weil sie ihr eigenes Brot backen. Dazu bringen sie Getreidekörner in ihren Bau. Dort kauen sie so lange auf den Körnern herum, bis diese mit dem Speichel vermischt zu einem süßen Brotteig geworden sind. In warmen Kammern dicht unter der Oberfläche des Baues wird dann der Teig gebacken.

ZZÜCHTER

Die nordamerikanischen Wüstenameisen ernähren sich von süßen Pflanzensäften. Um Vorräte anzulegen, füllen sie einfach einige Arbeiterinnen prallvoll mit dem süßen Saft. Diese lebenden Honigtöpfe werden an die Decke der Vorratskammern gehängt und geben den anderen Arbeiterinnen Nahrung über den Mund ab.

Unsere Roten Waldameisen (Foto oben) betreiben Viehzucht.
Sie halten sich Blattläuse, die Pflanzensäfte saugen. Die Blattläuse geben eine süße Flüssigkeit ab, die von den Ameisen abgemolken wird.
Als Gegenleistung beschützen die Ameisen ihre Blattläuse.

Wie ist ein Ameisenstaat aufgebaut?

Das Oberhaupt ist die Königin. Sie lebt sicher und geborgen im Innern des Baues und legt ständig Eier. Die Arbeiterinnen füttern die Larven, die aus den Eiern schlüpfen, bis sie sich verpuppen und daraus erwachsene Tiere ausschlüpfen. Arbeiterinnen sind weibliche Ameisen, die aber selber keine Eier legen können. Sie versorgen den Nachwuchs und sind zuständig für den Nestbau, für die Reinigung, für die Nahrungsbeschaffung und für die Verteidigung. Bei manchen Arten besitzen einige Arbeiterinnen einen besonders großen Kopf mit kräftigen Kieferzangen. Sie verteidigen den Ameisenstaat gegen Feinde und werden deshalb Soldaten genannt. Bei Gefahr bespritzen Ameisen ihre Gegner mit der scharfen Ameisensäure. Nur im Sommer schlüpfen aus den Eiern Königinnen und Männchen. Diese Tiere sind geflügelt und fliegen aus, um sich zu paaren. Die Männchen sterben dann. Die jungen Königinnen werfen ihre Flügel ab und gründen einen eigenen Staat.

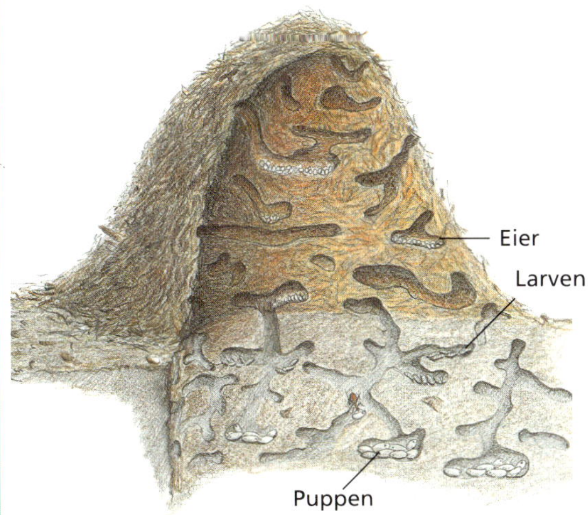

WENN'S DEN AFFEN

Jede Tierart zeigt ein bestimmtes Verhalten. Die meisten Verhaltensweisen sind den Tieren angeboren. Es gibt aber auch einige Arten, die so klug sind, daß sie neue Verhaltensweisen dazulernen können. Und ein Schimpanse, der sich im Spiegel betrachtet, scheint sich fast wie ein Mensch zu verhalten.

In Japan lebt eine Affenart, die zu den Makaken gehört. Eine Gruppe dieser Makaken lebt auf der Insel Honshu im Norden Japans. Es ist der nördlichste Lebensraum aller auf der Welt lebenden Affen. Hier herrscht ein rauhes Klima: im Winter wird es sehr kalt, und es schneit.

Ein dichtes Fell schützt die Makaken vor Kälte. Und trotzdem haben sie eine Möglichkeit gefunden, sich noch besser aufzuwärmen: Sie besuchen regelmäßig heiße Quellen und baden darin. Makaken leben in großen Gruppen. Nachdem ein Tier das heiße Bad erfunden hat, haben nach und nach die anderen dieses Verhalten nachgeahmt.
Im Jahre 1953 hat ein junges Weibchen eine kartoffelähnliche Knolle, die im Sand lag, vor dem Essen zufällig gewaschen. Dabei hat das Affenweibchen festgestellt, daß die Kartoffel ohne Sand viel besser schmeckt. Seitdem hat sie ihre Kartoffeln immer gewaschen. Mit der Zeit haben alle dieses Verhalten an ihre Kinder weitergegeben.

Alle Wale, zu denen auch die Delphine gehören, besitzen eine eigene Sprache. Am berühmtesten ist der Walgesang der Buckelwale. Hier besteht die Sprache aus Liedern mit unterschiedlichen Strophen. Unter Wasser sind diese Töne sehr weit hörbar, so daß sich die Wale über viele Kilometer hinweg unterhalten können.

ZU KALT WIRD

Der Schimpanse ähnelt von allen Tieren dem Menschen am meisten. Er ist das einzige Tier, das sich selbst im Spiegel erkennt. Alle anderen Tiere glauben im Spiegelbild ein anderes Tier zu sehen. Schimpansen können Werkzeuge benutzen. Sie stochern zum Beispiel mit Stöcken in Baumlöchern herum, um an kleine Insekten zu gelangen. In einem Versuch turmten sie Kisten aufeinander, um zu einer hoch über ihnen hängenden Banane hinaufklettern zu können. Wissenschaftler haben Schimpansen sogar die Taubstummensprache beigebracht. Die Affen lernten für verschiedene Begriffe bestimmte Handzeichen. Später konnten sie selbständig aus den verschiedenen Worten einfache Sätze bilden und so zeigen, was sie gerne wollten.

Das Gehirn bei Tier und Mensch

Die Fähigkeit, Verhaltensweisen zu erfinden und zu lernen, ist ein Zeichen von Intelligenz. Nur Tiere mit einem kompliziert gebauten Gehirn wie Affen und Delphine besitzen diese Intelligenz. Delphine können zum Beispiel sehr viele Formen und Farben unterscheiden. Sie besitzen sogar eine eigene Sprache, mit der sie sich untereinander verständigen. Andere Tiere zeigen Verhaltensweisen, die instinktgesteuert sind, das heißt, ihr Verhalten ist ihnen angeboren und kann durch Lernen nicht oder nur wenig verändert werden. Wieviel ein Tier lernen kann und wie klug es ist, hängt von der Größe und vom Aufbau des Gehirns ab. Je größer das Gehirn ist und je komplizierter aufgebaut, desto mehr kann ein Tier lernen. Die Gehirne von Fischen, Lurchen und Kriechtieren sind einfach gebaut. Vögel und Säugetiere haben ein kompliziert gebautes Gehirn.

GEMEINSAM SIND W

Es gibt Tiere, die leben als Einzelgänger wie Tiger oder Bären. Andere dagegen wie Zebras, Wölfe oder Affen treten meistens in Herden, Rudeln oder Gruppen auf. Und einige Tierarten kommen nur in riesigen Schwärmen vor.

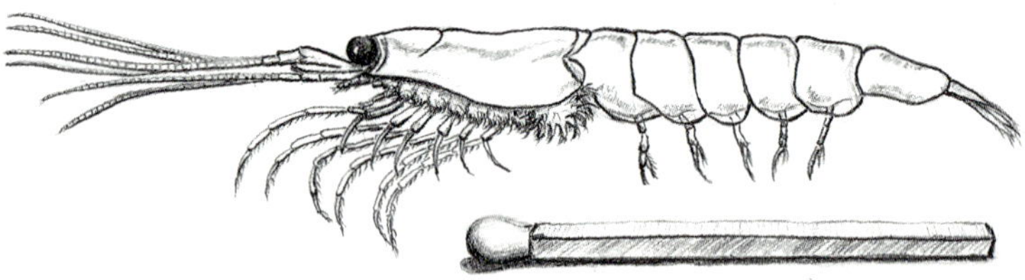

Krill ist der Name für eine bestimmte Krebs-Art (Zeichnung oben). Die kleinen Krebse werden höchsten 7 cm lang. Sie leben im Meer und kommen besonders in den kalten Gewässern der Antarktis vor. Der Krill ernährt sich von Plankton: Das sind die unzähligen winzigen Tiere, die im Wasser schweben. Der Krill dient vielen Tieren als Nahrung. Besonders die Bartenwale sind darauf spezialisiert, den Krill aus dem Wasser zu fischen. Barten heißen die langen Hornleisten im Maul der Wale. Die Wale nehmen einen großen Schluck Wasser ins Maul und drücken das Wasser durch ihre Barten wieder nach außen. Zwischen den Hornleisten bleibt dann wie in einem Sieb der Krill hängen und kann verschluckt werden.

Die Wüstenheuschrecke kommt in Zentral- und Nordafrika und in Vorderasien vor. Die meiste Zeit lebt sie als Einzelgänger, ernährt sich von Pflanzen und Früchten, richtet aber keinen großen Schaden an. Alle paar Jahre geschieht es jedoch, daß sich die Wüstenheuschrecken zu riesigen Schwärmen zusammenfinden. Ein solcher Heuschreckenschwarm kann aus bis zu 50 Milliarden Tieren bestehen und ganze Ernten vernichten.

R STARK

Wölfe (Bild links) leben in Rudeln von zehn bis 15 Tieren, unter denen es eine feste Rangordnung gibt. In der Gruppe können sie besser ihr Revier verteidigen und Beute jagen. Im Rudel überwältigen sie sogar Hirsche und Elche.

Moschusochsen leben in den Polargebieten in Kanada, Alaska und Grönland. Zum Schutz vor Feinden und gegen die Kälte drängen sich manchmal bis zu 100 Tiere zusammen. Werden Moschusochsen angegriffen, stellen sie sich im Kreis auf. Mit ihren Hörnern versuchen sie, die Angreifer abzuwehren. Die Jungen stehen geschützt im Innern des Kreises oder verstecken sich unter dem Fell der Mütter.

Warum schließen sich Tiere zusammen?

Besonders für kleine Tiere ist es vorteilhaft, in Massen aufzutreten. Als Einzelne wären sie nur klein und schwach und würden schnell ihren Feinden zum Opfer fallen. Ein großer Schwarm dagegen wirkt nach außen wie ein riesiges Tier. Feinde wissen dann oft nicht, wie sie angreifen sollen. Bei Vögeln kommt noch ein weiterer Vorteil hinzu. Viele Vogelarten fliegen in einer bestimmten Anordnung. Dabei nutzen sie die Luftströmung des Vordermannes so aus, daß sie Kraft und Energie sparen.

WUSSTEST DU, ...?

■■■ daß Löwenmänner bis zu 22 Stunden am Tag schlafen?

■■■ daß das Okapi, die afrikanische Waldgiraffe, mit ihrer Zunge bis zu den Augen reichen kann?

■■■ daß der Siebenschläfer sich beim Schlafen mit seinem Schwanz zudeckt?

■■■ daß Waschbären alles waschen, bevor sie es essen?

■■■ daß die Bolaspinne ihre Beute wie mit einem Lasso fängt?

■■■ daß Nashornvögel sich beim Brüten einmauern?

■■■ daß es Vögel mit einer Vorliebe für blaue Gegenstände gibt und sie die Umgebung ihres Nestes damit dekorieren?

■■■ daß fischfressende Vögel ihre Beute immer mit dem Kopf voran verschlucken, damit sie nicht im Hals steckenbleibt?

■■■ daß Koalas nie trinken?

■■■ daß Kreuzspinnen jeden Morgen ihr Netz auffressen und es dann wieder neu bauen?

■■■ daß Seekühe früher für Meerjungfrauen gehalten wurden?

■■■ daß sich Seeotter in Seetang einwickeln, damit sie im Schlaf nicht fortgetrieben werden?

■■■ daß Elche gut schwimmen können und bis zu einer Minute unter Wasser bleiben können?

■■■ daß neugeborene Känguruhs ganz alleine in den Beutel der Mutter kriechen?

■■■ daß Tiger die einzigen Großkatzen sind, die schnurren können?

■■■ daß der Tanrek der einzige Igel ist, der auf Bäumen lebt?

■■■ daß Glühwürmchen mit ihren Leuchtsignalen Weibchen anlocken wollen?

■■■ daß Waldschnepfen die einzigen Vögel sind, die ihre Jungen forttragen können?

■■■ daß die größten Bauwerke im Tierreich die Biber errichten? Der längste Biberdamm ist 780 Meter lang.

■■■ daß Kormorane ihren Jungen Wasser im Schnabel bringen?

■■■ daß Schmutzgeier Straußeneier öffnen, indem sie Steine darauf werfen?

■■■ daß Tauben ihren Kopf beim Trinken nicht nach hinten halten müssen? Sie können das Wasser mit dem Schnabel aufsaugen.

■■■ daß Albatrosse nur alle zwei Jahre ein einziges Ei ausbrüten?

■■■ daß der Specht eine Zunge mit Widerhaken besitzt, mit der er Insekten unter der Baumrinde hervorholen kann?

■■■ daß die Stacheln von jungen Igeln noch ganz weich sind?

■■■ daß der Ameisenlöwe die Larve eines libellenähnlichen Insektes ist und mit einem Fangtrichter aus Sand Ameisen erbeutet?

■■■ daß Ameisenbären keine Zähne haben, weil sie sich nur von Ameisen und Termiten ernähren, die sie mit ihrer Zunge auflecken?

QUIZ

Du findest in diesem Buch vier Quizseiten. Aus den richtigen Antworten auf die Fragen entsteht auf jeder Quizseite ein Lösungswort. Wenn du die Lösungsworte hintereinander schreibst, erhältst du den Lösungssatz.

1. Wer kümmert sich beim Seepferdchen um den Nachwuchs?

M Keiner. Die Eier werden auf dem Meeresgrund abgelegt.

D Das Männchen brütet sie in einer Bauchtasche aus.

B Das Weibchen setzt sich darauf und brütet sie aus.

2. Was ist die Lieblingsnahrung des Palmendiebs?

R Fische

Z Palmen

E Kokosnüsse

B Muschelschalen

G kleine Krebse

3. Was ist Krill?

F Eine Art Backofen

G Das Sieb im Maul der Wale

L Kleine Krebstiere im Meer

4. Was sind Seenadeln?

K Was zum Nähen

P Fische

M Optisches Instrument kleiner Seesterne

5. Was macht eine Ameisenkönigin?

H Eier legen

W Den Staat regieren

C Dienstreisen

6. Wie verteidigen sich Ameisen gegen Feinde?

N Mit Ameisenbären

I Mit Ameisensäure

Q Mit Speeren

7. Was ist ein Krokodilwächter?

S Ein Wecker für Krokodile

U Ein wachsames Krokodil

N Ein Vogel

8. Was sind Makaken?

T Schädliche Insekten

E Affen

V Eine Inselgruppe im Indischen Ozean

1. Lösungswort:

1	2	3	4	5	6	7	8

KAPITEL 2

DER 7. SINN

Wieviele Sinne gibt es? Menschen sehen, hören, riechen, fühlen und schmecken. Wie nehmen aber Tiere unsere Umwelt wahr? Können sie vielleicht Dinge fühlen, von denen wir noch nicht einmal wissen, daß es sie überhaupt gibt? Tiere haben empfindlichere Sinne als Menschen. Manche Arten können sogar magnetische oder elektrische Felder wahrnehmen.

NICHT NUR ADLER BL

Wenn man von einer Person sagt „Die hat Adleraugen", meint man, daß sie sehr gut sehen kann. Aber haben Adler wirklich so gute Augen, oder können auch andere Tiere mit dieser Sehleistung mithalten? Greifvögel wie Adler und Falken haben die besten Augen im Tierreich. Menschen und Affen können fast so gut sehen. Alle anderen Tiere sehen schlechter.

Für Greifvögel ist es besonders wichtig, daß sie ihre Beutetiere schon aus großen Höhen ausmachen können. Ein Wanderfalke kann zum Beispiel eine Krähe noch aus 1600 Metern Entfernung erkennen.

Die Augen von Tieren, die auch nachts unterwegs sind, wie zum Beispiel Katzen, sind viel empfindlicher als unsere Augen. Im Dunkeln sind ihre Pupillen groß und rund. Tagsüber verengen sie sich zu schmalen Schlitzen (Foto).

Bei Menschen, Affen, Katzen oder Eulen sind beide Augen nach vorne gerichtet. So sehen sie die meisten Dinge mit beiden Augen gleichzeitig und können abschätzen, wie weit diese Gegenstände entfernt sind. Bei vielen anderen Tieren, wie zum Beispiel Pferden, sitzen die Augen seitlich am Kopf. Dadurch haben diese Tiere fast eine Rundum-Sicht, ohne den Kopf bewegen zu müssen. So können Pferde herannahende Gefahren schon in großer Entferung erkennen. Alles im Nahbereich sehen sie allerdings ziemlich unscharf.

Betrachtet man verschiedene Einzelbilder sehr schnell hintereinander, verschmelzen sie irgendwann miteinander, und wir sehen eine gleichmäßige Bewegung. Auch ein Film besteht aus Einzelbildern. Da die Bilder sehr schnell hintereinander gezeigt werden, können wir sie nicht einzeln erkennen. Für eine Libelle dagegen (Foto links) würde ein Film wie eine langsame Diashow aussehen. Sie kann 300 Einzelbilder in der Sekunde erkennen, der Mensch nur 20.

Wie funktioniert das Auge?

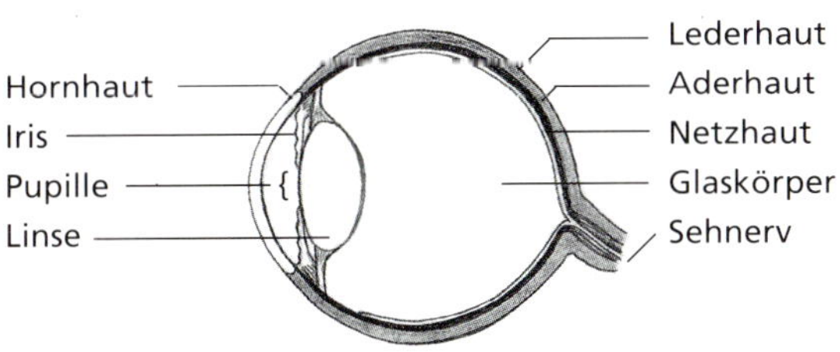

Durch die Pupille fällt das Licht auf die Linse, wird dort gebündelt und zur Netzhaut am hinteren Teil des Auge weitergeleitet. Die Netzhaut besteht aus kleinen Sinneszellen, die auf das Licht reagieren und ihre Informationen zum Gehirn weiterleiten. Es gibt zwei verschiedene Arten dieser Sinneszellen: die Stäbchen können nur Schwarz-Weiß sehen, die Zapfen sehen Farben. Je enger die Sinneszellen auf der Netzhaut angeordnet sind, um so schärfer kann das Auge sehen.
Die Sehschärfe hängt auch von der Helligkeit ab. Je dunkler es wird, desto weniger können wir erkennen. Es gibt aber Tiere, die nachts aktiv sind und sich trotzdem mit den Augen orientieren. Sie besitzen meistens sehr große Augen, damit möglichst viel Licht einfallen kann. Außerdem liegt bei ihnen hinter der Netzhaut eine Zellschicht, die das Licht zurückwirft. Dann fällt das Licht noch einmal auf die Netzhaut und wird so möglichst gut ausgenutzt. Fällt Licht aus einer Lampe auf die Augen solcher Tiere, leuchten sie im Dunkeln.

VIER AUGEN SEHEN B

Die Augen aller Lebewesen sind an die Umgebung, in der sie leben, angepaßt. Unsere Augen sind so gebaut, daß wir an der Luft gut sehen können. Die meisten Fische dagegen besitzen Augen, mit denen sie unter Wasser scharf sehen können. Einige Tiere können aber sowohl unter als auch über Wasser gut sehen.

Unser einheimischer Taumelkäfer wird etwa 8 mm groß. Auch seine Augen sind zweigeteilt: die obere Hälfte ist zum Sehen an der Luft, die untere Hälfte zum Sehen im Wasser geeignet. Taumelkäfer ragen beim Schwimmen mit der oberen Körperhälfte aus dem Wasser.

Das Vierauge ist ein Fisch, der bis zu 20 cm lang wird (Bild oben). Es lebt im flachen Süßwasser in Mittel- und Südamerika. Vieraugen halten sich vorwiegend an der Oberfläche auf. Ihre Augen befinden sich weit oben auf dem Kopf und ragen beim Schwimmen teilweise aus dem Wasser. Damit das Vierauge gleichzeitig unter und über Wasser gut sehen kann, sind die Augen zweigeteilt. Mit der oberen Hälfte sehen sie an der Luft, mit der unteren im Wasser scharf.

ESSER ALS ZWEI

Wie das Land besiedelt wurde

Die ersten Landwirbeltiere stammen von Fischen ab, die irgendwann einmal das Wasser verlassen haben. Es müssen so ähnliche Tiere wir die Schlammspringer gewesen sein, die zu den Fischen gehören und auch schon einen Teil ihres Lebens an Land verbringen. Das nennt man amphibische Lebensweise. Eine ganze Tiergruppe, die Lurche, sind Amphibien. Hierzu zählen Frösche, Kröten, Molche und Salamander. Sie wohnen im ersten Teil ihres Lebens im Wasser und danach nur noch auf dem Land. Lurche sind während ihrer Entwicklung auf das Wasser angewiesen. Ihre Larven, die Kaulquappen, haben nämlich noch Flossen und atmen durch Kiemen. Die erwachsenen Tiere leben später als Frösche oder Kröten auf dem Land. Sie besitzen Beine zum Springen und Laufen, und sie atmen nicht mehr durch Kiemen, sondern durch Lungen.

Schlammspringer sind Fische, halten sich aber vorwiegend auf dem Land auf. Deshalb sind ihre großen, beweglichen und weit hervorstehenden Augen an der Oberseite des Kopfes so gebaut, daß sie außerhalb des Wassers scharf sehen können. Schlammspringer leben in Sümpfen und an schlammigen Küsten in Asien und Australien. Sie haben einen länglichen, nach hinten schmaler werdenden Körper. Die Rückenflosse kann wie ein Fächer aufgestellt werden.

Die Brustflossen der Schlammspringer sind wie kleine Ärmchen ausgebildet. Mit ihrer Hilfe kann sich der Fisch aufstützen, über den Schlamm hüpfen und sogar auf Bäume klettern. Schlammspringer ernähren sich von winzigen Lebewesen im Schlick, fressen aber auch gerne Insekten, Spinnen, Krebstiere und kleine Fische. Obwohl sie die meiste Zeit am Ufer in der Nähe des Wassers leben, atmen sie wie alle Fische durch Kiemen. Diese liegen gut geschützt in einer Hauttasche, die immer mit Wasser gefüllt sein muß. Alle paar Stunden begeben sich die Tiere ins Meer, um die Kiementasche mit frischem Wasser zu füllen.

RIESENAUGEN UND ZE

Tintenfische sind sehr eigenartige Tiere. Sie bestehen eigentlich nur aus einem Kopf und acht oder zehn Armen. Deshalb nennen die Biologen sie auch Kopffüßer. Da Tintenfische keine Wirbelsäule besitzen, gehören sie zu der großen Gruppe der wirbellosen Tiere. Tintenfische leben im Meer und können noch in großen Tiefen vorkommen. Sie atmen durch Kiemen.

In der Tintendrüse werden dunkle Farbstoffe gesammelt, die der Körper des Tintenfisches selbst bildet. Bei Gefahr stößt er eine Wolke dieser Tinte ins Wasser aus und schwimmt schnell davon. Der Angreifer kann sein Opfer durch die Tinte nicht mehr sehen, und der Tintenfisch ist gerettet. Tintenfische, die in großen Tiefen der Meere leben, wo es sehr dunkel ist, bilden keine Tinte, da man diese dort ohnehin nicht sehen würde. Sie geben bei Gefahr einen leuchtenden Stoff ab. Der Angreifer schnappt nach der leuchtenden Wolke und der Tintenfisch kann entkommen.

HN ARME

Der Riesenkalmar gehört auch zu den Tintenfischen. Er ist das größte wirbellose Tier.

Schon früher erzählten die Seefahrer von riesigen Kraken, die große Schiffe angegriffen und versenkt haben. Was davon Wahrheit und was Seemannsgarn ist, läßt sich heute nur schwer sagen. Wie groß ein Riesenkalmar tatsächlich wird, ist immer noch nicht genau bekannt. Das größte Tier, das man bisher gefunden hat, war insgesamt 22 Meter lang. Allein die Saugnäpfe auf den Fangarmen hatten einen Durchmesser von 15 cm. Die einzigen Feinde der Riesenkalmare sind die Pottwale. Oft hinterlassen die Riesenkalmare bei Kämpfen mit Pottwalen Narben und Abdrücke auf der Haut der Wale. Man hat Abdrücke von Saugnäpfen gefunden, die einen Durchmesser von 30 cm hatten. Danach kann man berechnen, daß es Riesenkalmare geben muß, die über 30 Meter lang werden.

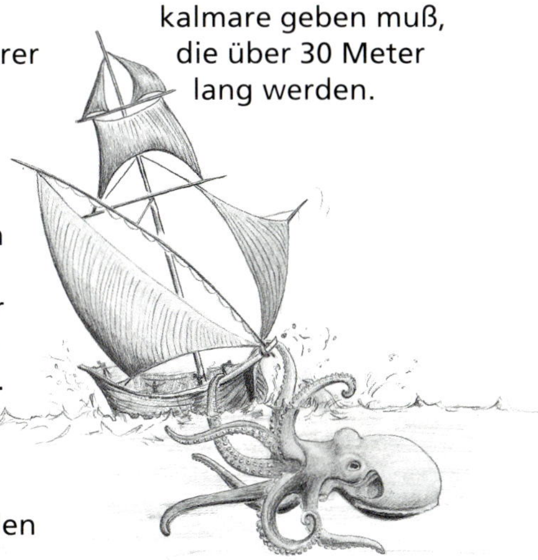

Der Körper eines Tintenfisches

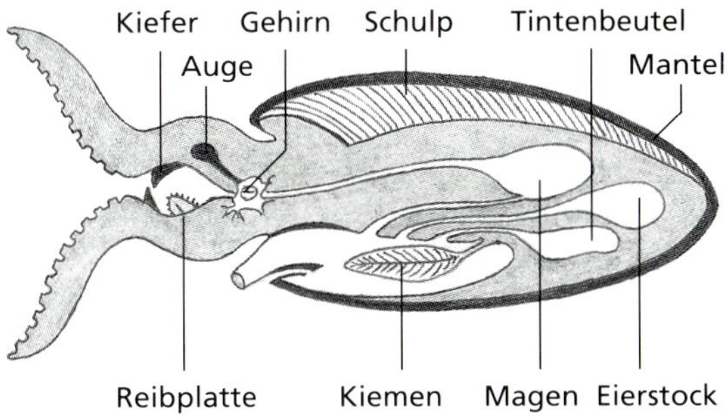

In einem Hohlraum im Innern des ovalen Kopfes liegen alle wichtigen Organe. Dieser Hohlraum wird Mantelhöhle genannt.

Die Mantelhöhle steht durch eine Öffnung mit dem umgebenden Wasser in Verbindung. Der Tintenfisch kann Wasser aufnehmen und plötzlich wieder ausstoßen. Dadurch bewegt er sich ruckartig mit dem Kopf voran durchs Wasser. Die Arme der Tintenfische können sehr viel länger als der Kopf werden. Sie sind mit vielen Saugnäpfen besetzt, damit sich das Tier auch an glatten Oberflächen gut festhalten kann. Die Arme dienen auch zum Tasten und zum Festhalten von Beute. Tintenfische ernähren sich räuberisch von Fischen und anderen Meerestieren.

ZYKLOP MIT SCHUPPE

Bei den alten Griechen tauchen in den Sagen immer wieder die furchterregenden Zyklopen auf. Das sollten riesige Menschen mit nur einem Auge auf der Stirn sein. Diese Zyklopen sind nur Fabelwesen, aber es gibt tatsächlich Tiere, die eine Art Stirnauge besitzen.

Die neuseeländische Brückenechse gibt es seit etwa 170 Millionen Jahren. Oben auf ihrem Kopf besitzt die Brückenechse eine Art Fenster: der Schuppenpanzer ist an dieser Stelle durchsichtig. Auch der Schädelknochen hat dort eine kleine Öffnung. Darunter befindet sich eine zapfenförmige Drüse, die mit dem Gehirn verbunden ist. Sie wird Zirbeldrüse genannt. Mit ihr kann die Brückenechse hell und dunkel wahrnehmen.

Das Chamäleon (Foto rechts) hat ebenfalls solch ein Stirnauge und erkennt damit hell und dunkel.
Dieses Tier ist aber noch für etwas anderes berühmt:
Es kann sich farblich an seine Umgebung anpassen. Dabei steuert die Zirbeldrüse, wieviele Farbstoffe in der Haut gebildet und wie sie verteilt werden. So regelt diese Drüse auch den Farbwechsel des Chamäleons.

NHAUT

Zirbeldrüse und Stirnauge

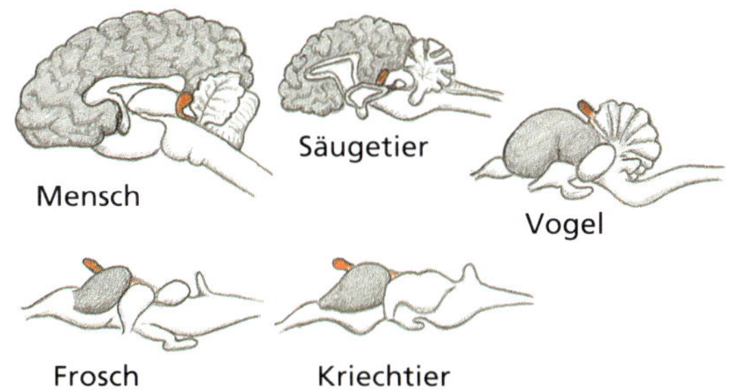

rot: Zirbeldrüse grau: Großhirn

Vögel, Säugetiere und Menschen besitzen kein Stirnauge mehr. Sie orientieren sich nur mit den normalen Augen. Trotzdem befindet sich oben in der Mitte ihres Gehirns noch die Zirbeldrüse als kleiner Zapfen. Mit dem regelmäßigen Rhythmus von Tag und Nacht bildet sie bestimmte Stoffe, die abends müde und morgens wieder munter machen. Diese Stoffe werden Hormone genannt. Sie regeln viele Vorgänge im Körper. Das Stirnauge der Kriechtiere ist wie ein einfaches Auge aufgebaut. Durch das Fenster im Schädelknochen fällt Licht auf die Zirbeldrüse. Dort befinden sich so ähnliche Sinneszellen wie in einem Auge, die hell und dunkel unterscheiden können.

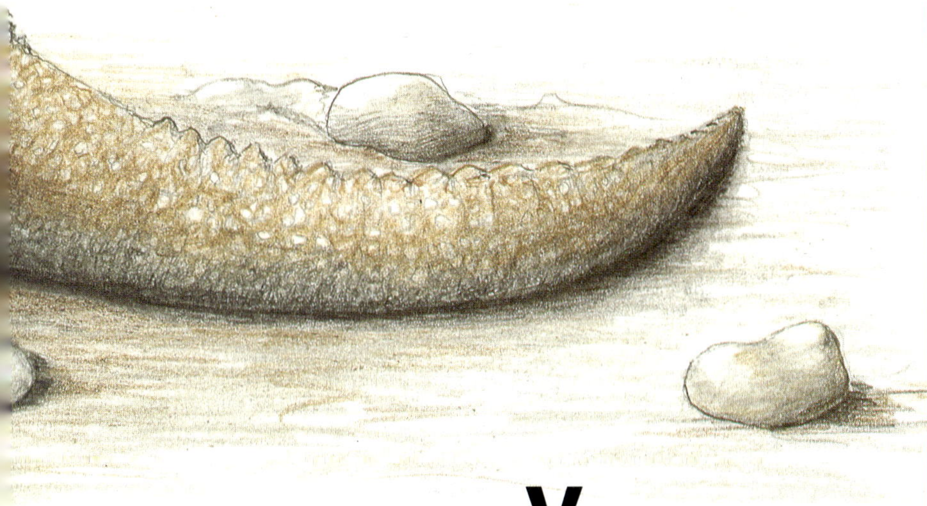

Viele Fische, Frösche, Echsen, Schlangen und Salamander (Foto links) besitzen ein zusätzliches Stirnauge. Forscher haben in vielen Versuchen herausgefunden, daß die Tiere auch mit verbundenen Augen nur durch das Stirnauge hell und dunkel erkennen können. Krokodile sind die einzigen Kriechtiere, die kein Stirnauge und auch keine Zirbeldrüse besitzen.

Bei Schlangen ist das Stirnauge sehr kompliziert aufgebaut. Es besteht aus einer durchsichtigen Hornhaut, einer Linse und lichtempfindlichen Zellen. Mit diesem Stirnauge können die Schlangen sogar die Farben grün und violett unterscheiden.

IMMER DER NASE NA

Lange Zeit hat man darüber gerätselt, wie manche Tiere ihren Geburtsort wiederfinden, der bis zu mehrere tausend Kilometer von ihrem Lebensraum entfernt sein kann. Berühmte Beispiele hierfür sind Aal und Lachs. Sie unternehmen weite Wanderungen, um ihre Eier wieder an ihrem Geburtsort selbst abzulegen. Dabei erriechen sie den richtigen Weg.

Aale suchen nur einen bestimmten Ort zur Eiablage auf. Es ist die Sargasso-See vor der amerikanischen Küste. Die winzigen Larven, die aus den Eiern schlüpfen, sehen aus wie kleine Blätter und werden mit der Strömung nach Europa getrieben. Sie werden Weidenblattlarven genannt. Wenn sie in Europa ankommen, haben sie sich zu kleinen Aalen entwickelt. Diese wandern die Flüsse hoch und leben dort für mehrere Jahre. Als ausgewachsene Tiere schwimmen die Aale zum Meer zurück und nehmen direkten Kurs auf die Sargasso-See.
Den Weg finden sie durch bestimmte Duftstoffe. Als Jungtiere haben sie sich den typischen Geruch ihres Geburtsortes gemerkt, der ihnen später als Wegweiser dient.

Auch Insekten können Duftstoffe riechen. Sie haben allerdings keine Nase. Die Riechzellen befinden sich bei den meisten Insekten auf den Fühlern, die auch Antennen genannt werden. Besonders gut können verschiedene Schmetterlingsarten riechen. Durch Duftstoffe finden sie ihren Partner.
Die Männchen der Seidenspinner (Foto oben), deren Raupen die wertvollen Seidenfäden spinnen, finden ihre Weibchen durch Duftstoffe aus Entfernungen von bis zu 11 km.

CH

Lachse schlüpfen im Süßwasser aus dem Ei. Ihre Jugendzeit verbringen sie in klaren Bächen und Flüssen. Wenn sie herangewachsen sind, wandern sie flußabwärts und leben einige Jahre im Meer. Zur Eiablage kehren sie wieder zu ihrem Geburtsort zurück. Den richtigen Weg erkennen sie am Geruch.

Der Geruchssinn bei Fischen und Insekten

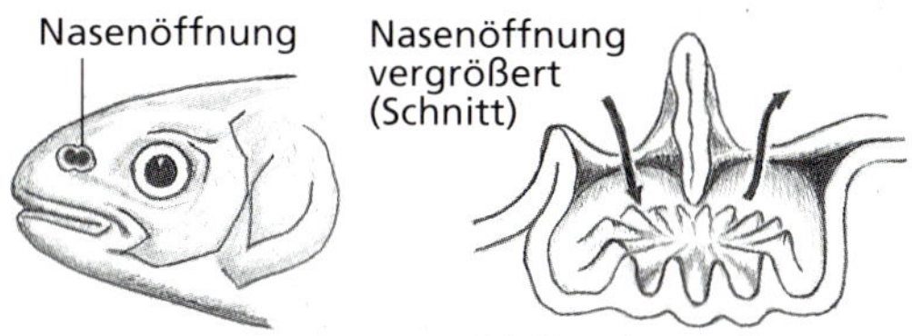

Fische besitzen insgesamt vier Nasenöffnungen. Im Innern der Nase befindet sich eine Haut, die mit Riechzellen besetzt ist. Die Haut ist stark aufgefaltet.
Bei Fischen strömt das Wasser durch die Nase. Die Duftstoffe gelangen so zu den Riechzellen. Durch die beiden vorderen Öffnungen tritt das Wasser in die Nasenhöhle ein, durch die beiden hinteren wieder hinaus.
Bei Insekten befinden sich die Riechzellen auf den fein verzweigten Fühlern, die wie eine Feder oder ein Palmwedel geformt sind.

MIT WÄRMEFÜHLERN

Tiere besitzen verschiedene Möglichkeiten, ihre Beute zu finden: Sie erspähen sie mit ihren scharfen Augen, sie hören sie mit ihren empfindlichen Ohren, sie riechen sie mit ihrer guten Nase. Es gibt aber noch eine andere Methode.

Grubenottern leben in Amerika. Es gibt etwa 130 verschiedene Arten. Ein besonderes Sinnesorgan für Wärmewahrnehmung hat diesen Schlangen ihren Namen gegeben: das Grubenorgan. Mit Hilfe dieses Organs können die Grubenottern ihre Beute finden, auch wenn sie nichts sehen und nichts riechen können: Sie erkennen das Beutetier an der Körperwärme.
Eine Maus, zum Beispiel, ist wärmer als ihre Umgebung. Die Schlange kann diesen Temperaturunterschied schon in einer Entfernung von 15 cm fühlen. Wenn sie dann noch ihren Kopf hin und her bewegt, kann sie sogar anhand der wahrgenommenen Temperaturunterschiede feststellen, wie groß das Beutetier ist und wo es sich genau befindet.

AUF DER JAGD

Die bekanntesten Grubenottern sind die Klapperschlangen (Foto rechts). Es gibt etwa 30 Arten. Viele von ihnen sind sehr giftig. Ihren Namen haben die Klapperschlangen erhalten, weil sie als Warnlaut ein klapperndes oder rasselndes Geräusch erzeugen. An ihrem Schwanzende befindet sich eine Rassel, die aus Hornschildchen besteht, die lose miteinander verbunden sind. Durch schnelles Bewegen des Schwanzes wird das rasselnde Geräusch erzeugt.

Riesenschlangen, zu denen der Python und die Boa (Foto oben) gehören, besitzen ein anderes Sinnesorgan für Wärme: das Lippenorgan. Auch die Riesenschlangen erkennen ihre Beute an der Körperwärme, aber sie töten ihre Beute nicht mit Gift. Sie haben keine Giftdrüsen, sondern umschlingen ihre Beute und erdrosseln sie.

Wie ist ein Grubenorgan aufgebaut?

Das Grubenorgan besteht aus zwei 3 mm großen Gruben, die sich zwischen den Augen und den Nasenöffnungen befinden. Früher hat man geglaubt, daß diese Gruben die Ohren seien. Heute weiß man, daß Schlangen keine Ohren besitzen. Sie sind also taub. Im Innern dieser kleinen Gruben befindet sich je ein gut durchblutetes Häutchen. Darauf sitzen sehr viele Sinneszellen, die empfindlich auf Wärme reagieren. Sie sind so ähnlich gebaut wie die Sinneszellen in unserer Haut, mit denen wir Wärme fühlen können.

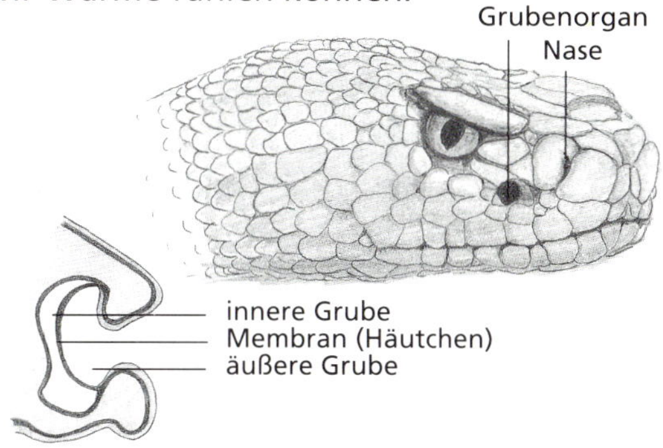

DAS THERMOMETER

In Australien und Südostasien leben bestimmte Hühnervögel, die Großfußhühner genannt werden. Die ziemlich großen und kräftigen Füße haben ihnen ihren Namen gegeben. Es gibt 19 verschiedene Arten. Sie werden zwischen hühner- und truthahngroß. Großfußhühner bauen kein Nest zum Brüten, sondern errichten große Bruthügel.

Buschhühner gehören zu den Großfußhühnern. Sie errichten im Wald Bruthügel aus Erde und Laub. Diese Hügel können bis zu drei Meter hoch und neun Meter breit werden. Der Buschhahn scharrt das Material zu einem Hügel zusammen und kontrolliert ständig die Temperatur im Innern, indem er seinen Schnabel in den Bruthügel steckt. Erst wenn die richtige Temperatur erreicht ist und gleichbleibt, darf das Bruthuhn kommen und seine Eier in vorbereitete Höhlen in den Bruthügel legen. Das Huhn legt alle paar Tage ein neues Ei, und auch die Küken (Bild unten) schlüpfen in demselben Zeitabstand aus.

IM SCHNABEL

Das australische Thermometerhuhn, eine andere Großfußhuhnart, lebt in einer Gegend, in der es starke Temperaturschwankungen gibt. Der Hahn gräbt zunächst eine große Grube. Diese füllt er mit Laub und Zweigen und bedeckt das Ganze mit Sand. Der Hügel ragt dann einen bis eineinhalb Meter aus dem Boden. Erst nach etwa vier Monaten Bauzeit darf das Huhn die ersten Eier in den Bruthügel legen. Das Männchen des Thermometerhuhns kontrolliert ständig die Temperatur im Innern des Bruthügels, indem es Sand durch seinen Schnabel rinnen läßt. Das Thermometer befindet sich also im Schnabel oder auf der Zunge. Das Thermometerhuhn kann Temperaturunterschiede von einem Zehntel Grad feststellen.

Wie funktioniert ein Bruthügel?

Die Tiere schichten Laub, Zweige, Erde und Sand zu einem Hügel auf. Von dem Laub und der Erde ernähren sich winzige kleine Lebewesen wie Bakterien und Pilze. Dabei entsteht Wärme. Diese Wärme wird zum Ausbrüten der Eier benötigt. Damit sich die Eier richtig entwickeln können, muß in den Bruthügeln eine gleichbleibende Temperatur von etwa 33°Celsius herrschen. Die Küken sind beim Schlüpfen schon sehr weit entwickelt. Mit ihren kräftigen Füßen stemmen sie die Eischale auf. Sie arbeiten sich durch die Erde ihres Bruthügels nach außen. Dabei werden die Häute, die ihre Schwungfedern noch umhüllen, abgestreift.

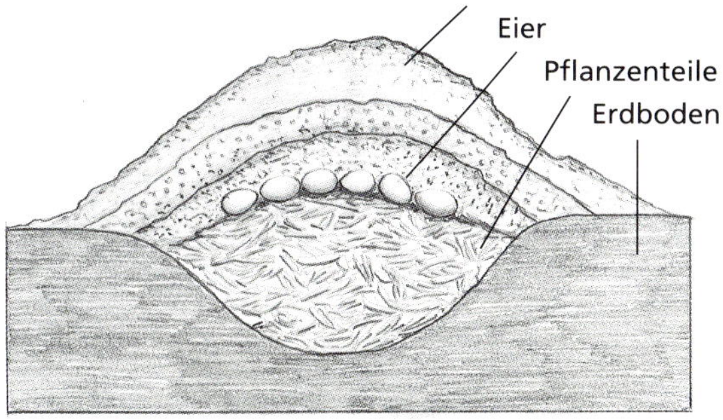

Haben sie die Oberfläche erreicht, suchen sich die Küken einen geschützten Ort und ruhen erst mal aus. Spätestens nach 24 Stunden können sie schon fliegen.

STROM OHNE STECKD

Wir alle kennen Strom und wissen, daß man damit elektrische Geräte betreiben kann. Jede Stromquelle erzeugt sogenannte elektrische Feldlinien, die wir nicht sehen, hören, riechen oder fühlen können. Es gibt aber Fische, die einen elektrischen Sinn besitzen, sich danach orientieren und sogar selbst Strom erzeugen.

Nilhecht, Messerfisch (Bild unten links), Tapirfisch, Messeraal und Elefantenrüsselfisch (Bild unten rechts) leben im Süßwasser, der Rochen im Salzwasser. Sie alle gehören zu den schwach elektrischen Fischen.
Sie benutzen das elektrische Feld zur Orientierung.
Mit besonderen Sinneszellen, die Strom wahrnehmen können, fühlen die Fische Veränderungen in dem elektrischen Feld, das sie umgibt. Die schwachen elektrischen Ströme dienen auch dem Erkennen von Artgenossen.

Die Süßwasserarten Zitteraal und Zitterwels (Illustration) und die Salzwasserarten Zitterrochen und Himmelsgucker zählen zu den stark elektrischen Fischen. Sie benutzen ihre elektrischen Organe, um starke Ströme zu erzeugen.
Damit betäuben sie ihre Beutetiere, die sich dann mühelos fangen lassen. Auch zur Verteidigung gegen Feinde und als Abgrenzung ihres Revieres werden die starken elektrischen Ladungen eingesetzt.

Auch Haie (Bild rechts) können elektrische Feldlinien wahrnehmen. Sie spüren ein gut verstecktes Beutetier nur mit dem elektrischen Sinn auf. Dabei richten sie sich nach den schwachen elektrischen Strömen, die jedes Lebewesen erzeugt.

Strom im Körper

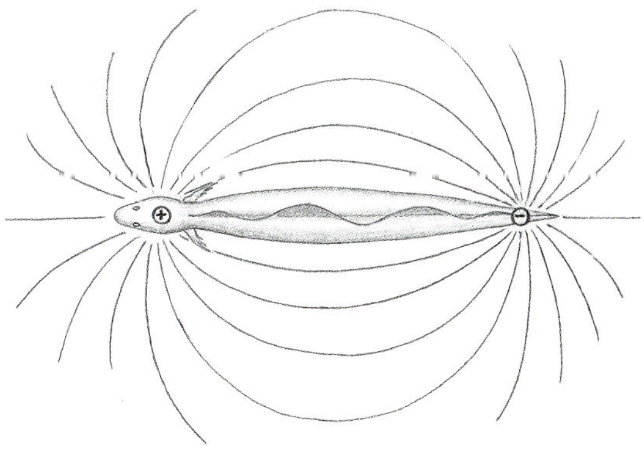

Viele Vorgänge im Körper werden durch schwache elektrische Ströme gesteuert. Die Reizleitung in den Nerven und die Bewegung der Muskeln funktionieren nur durch solche elektrischen Ströme. Deshalb ist auch jedes Tier von einem schwachen elektrischen Feld umgeben. Die elektrischen Fische besitzen besondere Organe, die sich aus Muskeln entwickelt haben. Die Tiere erzeugen damit ständig schwachen, elektrischen Strom und bauen um ihren Körper gleichmäßige Feldlinien auf. Befindet sich nun ein Hindernis, ein Angreifer oder ein Beutetier in dem elektrischen Feld, werden die Feldlinien verändert. Das spürt der Fisch, und er weiß sogar, um was für ein Hindernis oder Tier es sich handelt. Damit das Kraftfeld um den Körper herum immer gleichbleibt, schwimmen die elektrischen Fische mit einem ganz steifen Körper. Der Antrieb erfolgt nur durch wellenförmige Bewegungen der Flossensäume.

HAUSBAU NACH DEM

Es gibt viele Insektenarten, die in großen Staaten leben, so wie Ameisen, Bienen, Wespen und Hummeln. Diese Tiere gehören alle zu derselben Insektengruppe. Nicht näher mit ihnen verwandt sind die Termiten, die aber auch in riesigen Staaten leben und große Bauwerke errichten. Sie gehören zur Gruppe der Gleichflügler.

In der trockenen, baumlosen Steppe im Norden Australiens stehen zahlreiche, merkwürdige Bauwerke, die alle gleich aussehen: Sie sind bis zu fünf Meter hoch, drei Meter lang und seitlich schmal zusammengedrückt. Das besondere ist aber, daß die schmale Seite jedes dieser Bauwerke genau in Nord-Süd-Richtung zeigt. Die großen Flächen dagegen zeigen nach Osten und Westen.

Diese Bauwerke sind die Hügel der Kompaßtermiten. Die Kompaßtermiten leben in einer Gegend, in der es kaum Schatten gibt und zur Mittagszeit sehr heiß wird. Mittags, wenn die Sonne hoch im Süden steht, bescheint sie nur die schmale Seite der Termitenbaue. Dadurch werden diese nicht zu sehr aufgeheizt. Morgens und abends, wenn es kühler ist, scheint die Sonne auf die Breitseite und erwärmt so die Bauwerke. Auf diese Weise haben die Termiten den ganzen Tag über eine gleichmäßige Temperatur in ihrem Bau.

Wie sich die Kompaßtermiten orientieren und ihren Bau so genau in Nord-Süd-Richtung ausrichten können, ist noch nicht genau erforscht. Man hat aber festgestellt, daß sich andere Termiten nach dem Magnetfeld der Erde orientieren können.

Wie sieht ein Termitenhügel aus?

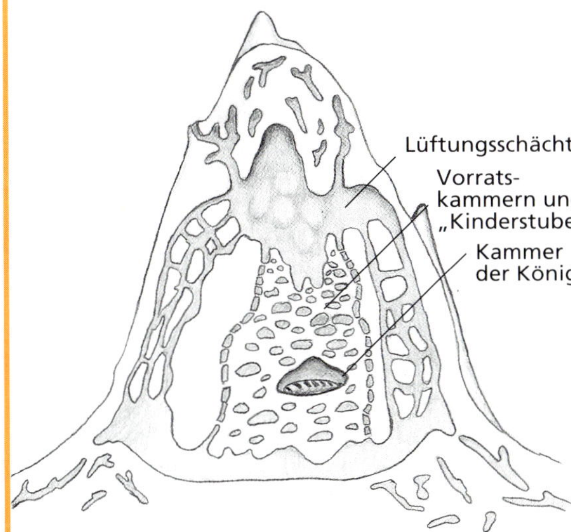

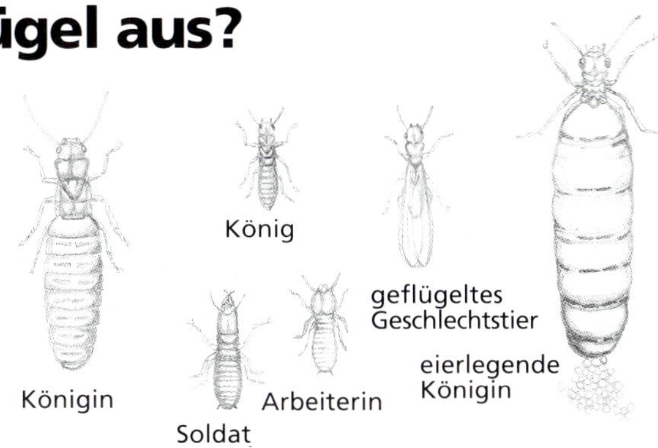

Im Zentrum des Termitenhügels liegt die Brutkammer. Dort leben die Königin und der König. Die Königin ist nur für das Eierlegen zuständig. Oft wird ihr Hinterleib so groß, daß sie sich nicht mehr bewegen kann. Um die Königskammer herum befindet sich die Kinderstube. Als Jungtiere helfen die Termiten gleich bei der Arbeit im Bau mit. Die meisten Termiten, ob männlich oder weiblich, werden Arbeiter. Sie können sich nicht vermehren. Sie kümmern sich um die Baumaßnahmen, die Nahrungsbeschaffung und die Versorgung der Brut. Soldaten, die man an ihren großen Köpfen mit den mächtigen Zangen erkennt, dienen der Verteidigung gegen Eindringlinge.

Termiten sind dafür bekannt, daß sie riesige Bauwerke errichten können. Dabei verkleben sie Erde, Sand und Pflanzenteile mit ihrem Speichel, der wie ein Mörtel wirkt und beim Trocknen sehr hart wird.
Die meisten Termitenarten leben in der Dunkelheit ihrer Baue. Daher sind sie oft blind oder haben nur winzige Augen. Auch ihre Haut ist zart und hell. An der trockenen Luft außerhalb ihres Baues würden sie schnell vertrocknen.

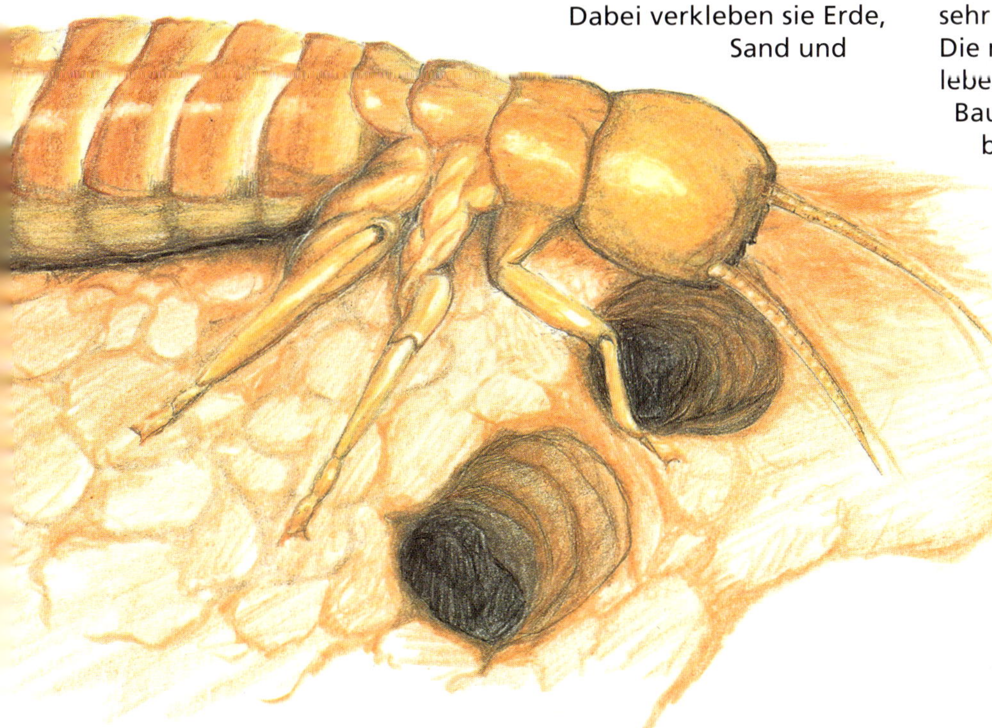

WUSSTEST DU, ...?

■■■ daß über 1,4 Millionen Tierarten bekannt sind, aber es vielleicht über 10 Millionen gibt?

■■■ daß unser Auge ständig winzige Bewegungen ausführt, auch wenn man glaubt, es würde stillstehen?

■■■ daß Erdmännchen die schärfsten Augen unter den Säugetieren haben?

■■■ daß Elefanten Töne hören können, die für unser Ohr viel zu tief sind?

■■■ daß es Wale gibt, die ein Alter von 100 Jahren erreichen können?

■■■ daß der Riesenkalmar die größten Augen im Tierreich hat? Sie können Durchmesser von 40 cm erreichen.

■■■ daß staatenbildende Insekten wie Bienen oder Ameisen die Artgenossen aus dem eigenen Bau an ihrem Duft erkennen?

■■■ daß Maulwürfe ihre Beute durch die Erschütterung und den Geruch aufspüren?

■■■ daß viele Tierarten Wetteränderungen und sogar Erdbeben vorhersehen können?

■■■ daß Tiger im Dunkeln fünfmal besser sehen als der Mensch?

■■■ daß Präriehunde die größten Baue im Tierreich anlegen? Die größte bisher gefundene Ansiedlung war so groß wie Bayern.

■■■ daß die Scholle auf einer Seite liegt und das zweite Auge während der Entwicklung auf die oben liegende Körperseite wandert?

■■■ daß sich die Geruchsorgane von Schlangen in der Mundhöhle befinden?

■■■ daß Hunde an einer Spur am Duft erkennen können, in welche Richtung das Tier gelaufen ist?

■■■ daß das Streifenmuster bei allen Zebras verschieden ist und sich so die einzelnen Tiere erkennen können?

■■■ daß sich frisch geschlüpfte Meeresschildkröten an der Helligkeit des Meeres orientieren?

■■■ daß Katzen durch das „Köpfchen geben" nur mit bestimmten Duftstoffen markieren möchten?

■■■ daß das Schnabeltier auch elektrische Felder wahrnimmt und damit seine Beute findet?

■■■ daß sich manche Zugvögel in der Nacht nach den Sternen orientieren, um ihren Weg zu finden?

QUIZ

Du findest in diesem Buch vier Quizseiten. Aus den richtigen Antworten auf die Fragen entsteht auf jeder Quizseite ein Lösungswort. Wenn du die Lösungsworte hintereinander schreibst, erhältst du den Lösungssatz.

1. Was ist ein Grubenorgan?

- **P** Ein Gerät zum Graben
- **S** Ein Wärmesinnesorgan
- **U** Ein Organ in der Magengrube

2. Womit riechen die Insekten?

- **C** Mit den Fühlern
- **D** Mit den Flügeln
- **O** Mit dem Rüssel

3. Was ist ein Vierauge?

- **F** Ein Brillenträger
- **G** Ein Schmetterling mit Augenflecken auf den Flügeln
- **H** Ein Fisch

4. Was sind Stäbchen und Zapfen?

- **T** Japanisches Eßbesteck
- **V** Geschmackszellen auf der Zunge
- **W** Sinneszellen im Auge

5. Was ist ein Himmelsgucker?

- **I** Ein Fisch
- **L** Ein Vogel
- **A** Ein Himmelsforscher

6. Zu welcher Tiergruppe gehören Tintenfische?

- **A** Zu den Fischen
- **M** Zu den Weichtieren
- **Z** Zu den Tintenträgern

7. Was machen Großfußhühner mit ihrem Schnabel?

- **P** Sie wenden ihre Eier
- **M** Sie messen die Temperatur
- **B** Sie transportieren Wasser

8. Was ist die Zirbeldrüse?

- **E** Ein Gehirnteil
- **L** Eine Krankheit
- **W** Ein Gelenk

9. Was befindet sich in der Mitte eines Kompaßtermitenhügels?

- **G** Ein Magnet
- **R** Ein Kompaß
- **N** Die Brutkammer

2. Lösungswort:

1	2	3	4	5	6	7	8	9

KAPITEL 3

ÜBERLEBENS-KÜNSTLER

Viele Tiere haben sich ganz besonders gut an ihren Lebensraum angepaßt. Sie können größte Kälte oder sengende Hitze aushalten, ohne Schaden zu nehmen. Selbst zarteste Geschöpfe, die fast nur aus Wasser bestehen, überleben in den Ozeanen. Und unter den Vögeln gibt es einige Arten, die wie eine Kuh wiederkäuen oder sich eine Fettreserve zulegen. Manche Tiere bringen besonders viele Nachkommen hervor, um ihre Art zu erhalten.

WÄSSRIGE SCHÖNHEIT

Jedes Tier besteht zu einem großen Teil aus Wasser. Auch wir Menschen enthalten etwa 60 Prozent Wasser. Dieses Wasser befindet sich in den Zellen und im Blut. Darin sind Nährstoffe und andere wichtige Stoffe gelöst, ohne die der Körper nicht leben könnte. Aber bei einer Tiergruppe ist der Wasseranteil besonders groß: Es sind die Quallen.

Quallen gehören zur Tiergruppe der Nesseltiere. Sie bestehen bis zu 98 Prozent aus Wasser. Deshalb sind sie auch etwa so schwer wie Wasser und werden von Wind und Strömung durch das Meer getrieben. Sie sind die zartesten Lebewesen, die man sich vorstellen kann. Manche Arten sind so durchscheinend, daß man sie im Wasser kaum erkennt. Andere Arten sind dagegen bunt gefärbt.

Nesseltiere – mal Qualle, mal Polyp

Nesseltiere treten in zwei verschiedenen Formen auf: als festsitzende Polypen und als freischwimmende Quallen. Die Quallen werden auch Medusen genannt. Fast alle Nesseltiere sind Meeresbewohner. Ihr Körper besteht nur aus zwei Zellschichten. Die Polypen haben einen Fuß, mit dem sie sich am Untergrund festhalten. Rund um die Mundöffnung am oberen Ende befinden sich zahlreiche Tentakeln, die mit Nesselzellen besetzt sind. Mit ihnen werden Beutetiere gefangen. Polypen bilden Auswüchse. Wenn diese sich ablösen, entstehen Quallen, die sich paaren und Eier legen. Aus den Eiern schlüpfen Larven, die wieder Polypen bilden.

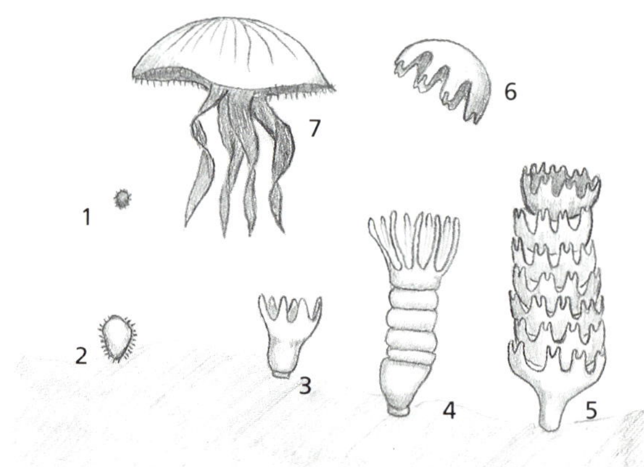

1 Larve freischwimmend 2 Larve festsitzend 3 Becherpolyp 4 durch Querteilung entstandene «Türme» aus Scheiben 5+6 Abgelöste Scheiben wachsen zur Qualle 7 heran

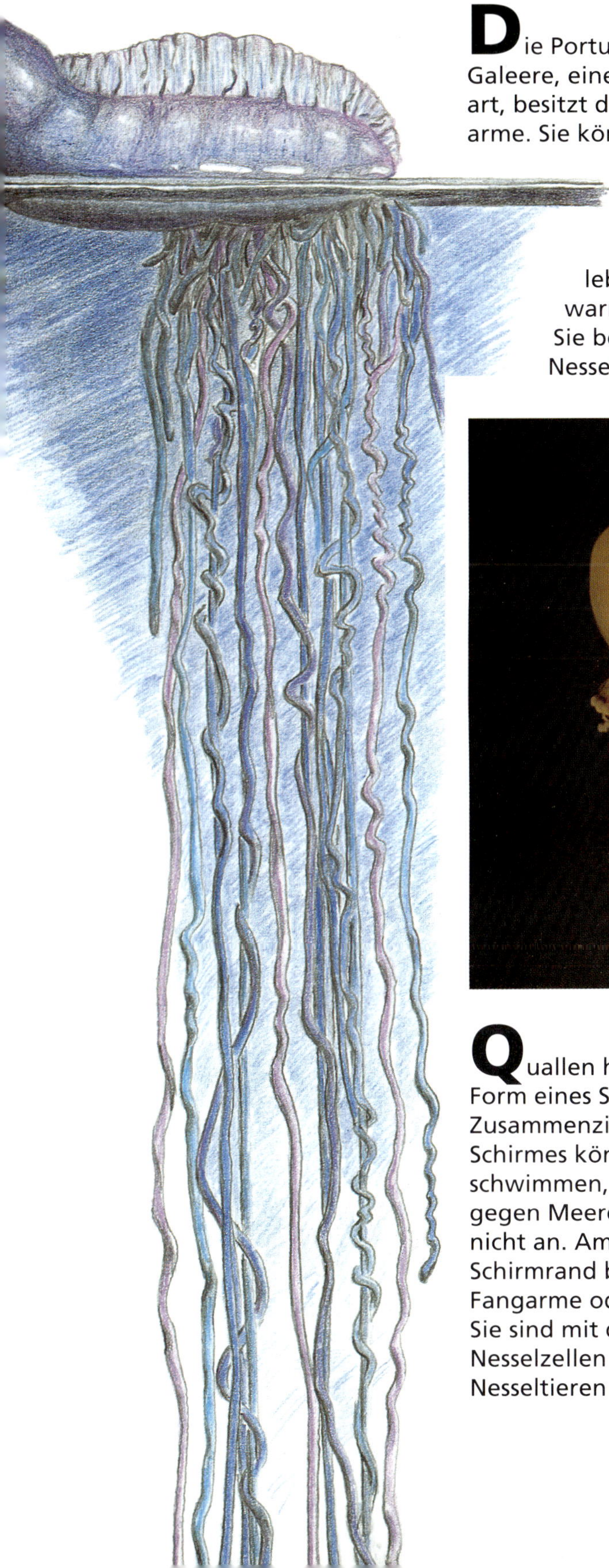

Die Portugiesische Galeere, eine andere Quallenart, besitzt die längsten Fangarme. Sie können bis zu 50 Meter lang werden. Diese Qualle lebt in allen warmen Meeren. Sie besitzt sehr giftige Nesselzellen.

Die Knollenqualle (Bild unten) lebt im Mittelmeer und kommt oft in Schwärmen vor. Sie ist gelb gefärbt und wird meist von Jungfischen begleitet. Die größte Qualle, die es gibt, ist die Gelbe Haarqualle mit einem Schirmdurchmesser von zwei Metern. Sie ist prächtig gelb gefärbt. Die Fangarme werden 20 bis 30 Meter lang.

Quallen haben meist die Form eines Schirmes. Durch Zusammenziehen dieses Schirmes können sie aktiv schwimmen, kommen aber gegen Meeresströmungen nicht an. Am unteren Schirmrand befinden sich die Fangarme oder Tentakeln. Sie sind mit den sogenannten Nesselzellen besetzt, die den Nesseltieren ihren Namen gegeben haben. Die Nesselzellen verspritzen bei Berührung ein Gift. Mit den Tentakeln werden Beutetiere ergriffen, durch die Nesselzellen gelähmt und dann zur Mundöffnung geführt. Auch bei Menschen, die mit den Tentakeln in Berührung kommen, können die Nesselzellen schmerzhafte Wunden hervorrufen.

MIT EINGEBAUTEM FE

Viele Säugetiere, die in den kalten Meeren leben wie Wale oder Robben, besitzen eine dicke Speckschicht unter der Haut. Diese schützt den Körper vor Auskühlung. Andere Tiere fressen sich eine Speckschicht an, bevor sie ihren Winterschlaf oder ihre Winterruhe halten. Hierzu gehören zum Beispiel Bären, Murmeltiere, Siebenschläfer und Igel.

Fettschwanzschafe leben in Asien. Sie gehören zu den Hausschafen, die man zur Wollgewinnung gezüchtet hat. Diese Tiere haben einen Fettspeicher im Schwanz und sind besonders gut an trockene Steppengebiete angepaßt. Wenn die Nahrung einmal knapp wird, können sie eine Zeitlang von ihren Fettreserven zehren.

TSPEICHER

Der Fettschwalm (Bild rechts) ist ein außergewöhnlicher Vogel, der im nördlichen Südamerika lebt. Junge Fettschwalme werden während ihres Wachstums unwahrscheinlich fett. In der englischen Sprache werden sie deshalb auch „Ölvogel" genannt. Fettschwalme legen zwei bis vier Eier. Nach etwa 33 Tagen Brutzeit schlüpfen die noch nackten Jungvögel. Sie brauchen drei bis vier Monate, bis sie ausfliegen können. Allerdings wachsen sie sehr schnell, so daß sie bald das Gewicht ihrer Eltern erreicht haben. Nach 70 Tagen sind sie sogar eineinhalb mal so schwer wie die Alttiere.

Kamele speichern ihr Fett hauptsächlich im Rücken. Dadurch entstehen die Höcker. Das Dromedar (Bild links), das nur in den Wüstengegenden Afrikas lebt, besitzt einen Höcker. Das asiatische Trampeltier, das auch in sehr kalten Gegenden vorkommt, hat zwei Höcker. Zum Schutz gegen die Kälte besitzt das Trampeltier ein dickes Fell. Das Dromedar hat nur auf dem Rücken dichtes Fell zum Schutz gegen die Sonne.

Wofür gibt es Fett?

Fett wird im Körper gebildet, wenn mehr Nahrung aufgenommen wird, als ein Lebewesen zum täglichen Leben braucht. Normalerweise sind die Fettzellen unter der Haut verteilt. Aus ihnen besteht das Speicherfett, das eine dicke Speckschicht bilden kann. Tiere, die einen Winterschlaf machen, fressen sich im Herbst Speicherfett an. Von diesem Fett zehren sie dann während der kalten Jahreszeit. Vögel, die im Winter in den Süden ziehen, brauchen auch viele Fettreserven, um genug Energie für den langen Flug zu haben. Säugetiere, die nur wenig oder keine Haare mehr besitzen und im kalten Wasser leben, wie Wale oder Robben, brauchen das Fett, das gut isoliert, als Schutz vor der Kälte.

Bindegewebe:

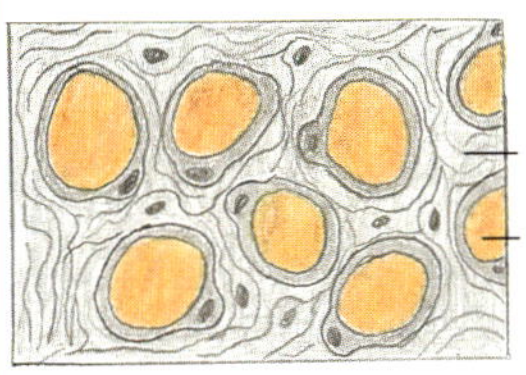

Haut:

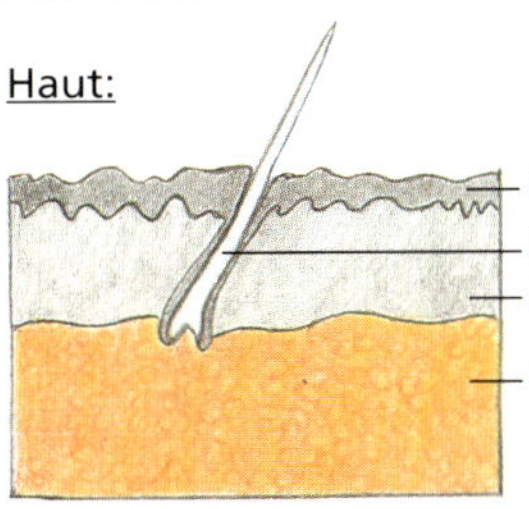

OHNE PELZ IM EWIG

Besonders hart sind die Lebensbedingungen in den sehr trockenen und heißen Gebieten und im ewigen Eis, wie wir es in der Arktis und Antarktis finden. Trotzdem leben dort viele verschiedene Tiere, die sich vor der Kälte durch einen dicken Pelz, ein dichtes Gefieder oder eine Speckschicht unter der Haut schützen. Im ewigen Eis leben aber auch Tiere, die eine Art Frostschutzmittel im Körper haben, das sie vor dem Einfrieren bewahrt.

In der Antarktis leben nur wenige Tierarten auf dem Festland, das bis auf wenige Stellen immer von einer Eisschicht bedeckt ist.
Zu diesen Tieren gehören Fadenwürmer, Milben und Springschwänze. Sie können dank ihres Frostschutzmittels bei Temperaturen bis - 35° Celsius überleben.

Milben gehören zur großen Gruppe der Spinnen.
Sie ernähren sich räuberisch und erbeuten vor allem Springschwänze.

Fadenwürmer sind winzige Würmer, die in jedem Lebensraum der Erde in großer Anzahl zu finden sind. Sie werden auch Älchen genannt, weil sie sich wie ein Aal über den Boden schlängeln.

Springschwänze (Illustration) gehören zu den Urinsekten. Sie besitzen keine Flügel. Dafür befindet sich am Hinterleib eine sogenannte Sprunggabel. Wird diese Sprunggabel plötzlich nach hinten geschnellt, machen die Tiere einen großen Luftsprung. Der größte Springschwanz, den man in der Antarktis antrifft, wird 12 mm groß. Springschwänze ernähren sich von Algen und Pilzen.

N EIS

Eisbildung und Frostschutz

Jedes Lebewesen enthält Wasser. Wenn das Wasser in den Zellen gefriert, bilden sich lange, spitze Eiskristalle. Diese zerstören die Zellen und das Tier stirbt. Würmer, Insekten oder Frösche, die in kalten Gebieten leben, haben einen geringeren Wassergehalt als andere Tiere, damit sich nicht so leicht Eis in den Zellen bilden kann. Das reicht aber als Schutz vor dem Einfrieren nicht aus. Die Tiere besitzen zusätzlich eine Art Frostschutzmittel. Das sind Zuckerteilchen, die im Wasser gelöst sind und vom Körper selbst gebildet werden. Durch sie gefriert das Wasser erst bei viel tieferen Temperaturen.

Der Gletscherfloh, der auch zu den Springschwänzen gehört, lebt auf den ständig mit Eis bedeckten Gletschern in den Alpen. Er frißt winzige Pollenkörner.

Auch die Fische im Eismeer, wie zum Beispiel der Antarktisdorsch, müssen sich vor dem Einfrieren schützen, da das Meerwasser durch seinen Salzgehalt kälter als 0 Grad Celsius werden kann, ohne zu gefrieren.

Einige Waldfrosch-Arten (Foto unten), die in kalten Gegenden leben, benötigen eine bestimmte Zeit, um Frostschutzmittel zu bilden. Frieren die Tiere schnell ein, sterben sie. Erfolgt das Einfrieren aber langsam, haben sie genug Zeit, Frostschutzmittel zu bilden und dadurch ihren Körper vor dem Einfrieren zu schützen.

DURST MACHT ERFIND

Wasser ist lebensnotwendig! Menschen können nur wenige Tage überleben, ohne zu trinken. Es gibt aber Tiere, die Wüsten bewohnen, wo es kaum Wasser gibt. Sie haben verschiedene Methoden entwickelt, sparsam mit Wasser umzugehen. Manche Tiere produzieren sich das notwendige Wasser selbst, andere lassen sich trickreiche Methoden einfallen.

Wüstenbewohner wie der Fennek, auch Wüstenfuchs genannt (Bild oben), die Springmaus und der Langohrigel dürfen nur möglichst wenig Wasser ausschwitzen. Deshalb besitzen diese Tiere sehr große Ohren, über die sie viel Körperwärme abgeben und sich so vor Überhitzung schützen. Damit sie nicht zu heiß werden und unnötig schwitzen, sind die meisten Wüstentiere hell gefärbt.

In der Namib-Wüste gibt es einen Schwarzkäfer (Bild rechts), der abends einen etwa einen Meter langen und 2 cm breiten Graben baut. In der Nacht weht feuchte Meeresluft über die Wüste und kühlt sie ab. Dabei schlägt sich das in der Luft enthaltene Wasser in Form von winzigen Tröpfchen am Boden nieder. Der Käfer sammelt es in seinem Graben, läuft hindurch und trinkt das gewonnene Wasser.

Wie überleben Wüstentiere, ohne zu trinken?

Auch wenn sich Tiere noch so gut gegen Hitze schützen, benötigen sie Wasser. Trotzdem schaffen es einige Arten, ihr ganzes Leben nicht zu trinken. Ihr Körper versorgt sich selbst mit dem notwendigen Wasser. Die Stoffe, die der Körper mit der Nahrung aufnimmt, werden im sogenannten Stoffwechsel zerlegt und in andere Stoffe umgewandelt. Bei diesen Umwandlungen entsteht auch Wasser. Es wird sofort wieder zur Versorgung des Körpers gebraucht.
Wenn ein Tier nur sehr wenig Wasser mit dem Harn oder durchs Schwitzen abgibt, reichen das Stoffwechsel-Wasser und die Feuchtigkeit aus der Nahrung aus.

Das Dromedar oder Einhöckrige Kamel ist besonders gut an das Wüstenleben angepaßt. Es gibt sehr wenig Wasser ab und kann lange Zeit ohne Flüssigkeit auskommen. Andererseits kann ein Dromedar in zehn Minuten etwa 100 Liter Wasser saufen.

Eine andere Schwarzkäfer-Art macht in nebligen Nächten eine Art Kopfstand und stellt sich dabei in den Wind. Die Nebeltropfen sammeln sich dann am Panzer des Käfers und fließen Richtung Kopf, wo sie von dem Tier aufgenommen werden.

Rennmäuse (Bild oben) und Känguruhratten leben in Wüsten und sind nur nachts aktiv, wenn es kühler ist. Sie ernähren sich von Samen und Pflanzenteilen. Durch eine besondere Anpassung ihres Körpers brauchen sie ein Leben lang nicht zu trinken.

DER FLIEGENDE WIED

Im tropischen Regenwald Südamerikas, an den Ufern des Amazonas und seinen Nebenflüssen, lebt ein urtümlicher Vogel. Es ist der Hoatzin. Da er einen Federschopf auf dem Kopf trägt, wird er auch Schopfhuhn genannt. Hoatzins gibt es schon seit etwa 40 bis 50 Millionen Jahren, aber nur eine Art hat bis heute überlebt.

Der Hoatzin (Bild links u. Illustration) stellt in zweierlei Hinsicht eine besondere Tierart dar: er ist von allen heute lebenden Vögeln dem ausgestorbenen Urvogel Archaeopteryx (Illustration links) am ähnlichsten, und er besitzt als einziger Vogel eine Art Wiederkäuermagen. Hoatzins leben auf Bäumen an Flußufern und kommen nur sehr selten auf den Boden. Ihre Nester bauen sie auf Zweigen, die über dem Wasser hängen. Die Jungtiere des Hoatzins tragen an den ersten beiden Fingern der Flügel lange Krallen, mit denen sie sich beim Klettern festhalten können. Immer öfter unternehmen sie Ausflüge auf die benachbarten Äste. Droht aber Gefahr, lassen sie sich einfach ins Wasser fallen. Sie können nämlich mit Flügeln und Beinen auch recht gut schwimmen. Ist die Gefahr vorüber, klettern sie wieder zu ihrem Nest. Später, als erwachsene Tiere, gehen sie nie mehr ins Wasser. Der Hoatzin ist der einzige heute lebende Vogel, der solche Krallen besitzt. Auch der ausgestorbene Archaeopteryx trug Krallen an den Flügelenden. Er war vermutlich wie der Hoatzin ein schlechter Flieger und hat sich viel kletternd vorwärts bewegt.

ERKÄUER

Der Hoatzin ernährt sich nur von Blättern, was für einen Vogel ungewöhnlich ist. Um diese Nahrung möglichst gut ausnutzen zu können, funktioniert der Magen des Hoatzins ähnlich wie der einer Kuh. Daher riecht dieser Vogel auch aus dem Schnabel nach Kuhstall. Die Eingeborenen Südamerikas nennen ihn Stinkvogel und haben ihn nie gejagt, weil sie glauben, daß sein Fleisch ebenso stinkt.

Was sind Wiederkäuer?

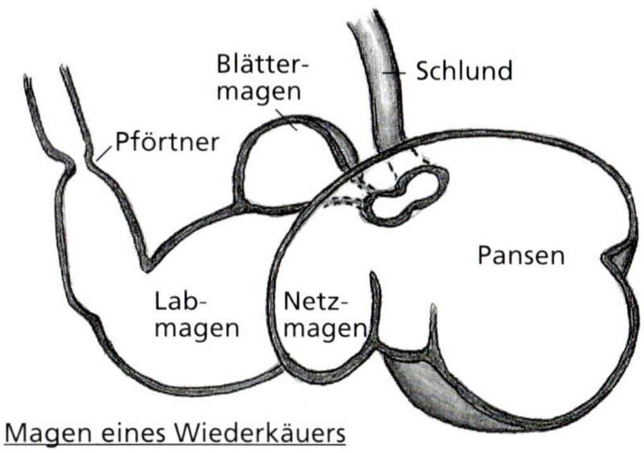

Magen eines Wiederkäuers

Wiederkäuer sind Pflanzenfresser. Sie können in kurzer Zeit große Mengen Nahrung aufnehmen und brauchen danach lange zur Verdauung. Die Nahrung gelangt zuerst in den Pansen, das ist der erste Teil des vierteiligen Magens. Nach etwa einer Stunde wird die Nahrung wieder hochgewürgt und noch einmal gründlich durchgekaut. Dann wird sie wieder verschluckt. Im Pansen befinden sich kleine, einzellige Lebewesen, die nun bei der Verdauung helfen und die Pflanzennahrung zersetzen. Danach wird die Nahrung in die anderen Magenabteilungen und später in den Darm transportiert und dabei weiterverdaut. Ähnlich funktioniert es beim Hoatzin. Er würgt die Nahrung aber nicht hoch, um sie noch einmal durchzukauen. Im Kropf des Vogels befinden sich dieselben Einzeller, wie man sie auch im Pansen der Wiederkäuer findet. Sie helfen die Nahrung zu verdauen.

EINE GROSSE KINDER

Alle Lebewesen pflanzen sich fort, um ihre Art zu erhalten. Die Nachkommen erhalten dabei Aussehen und bestimmte Eigenschaften ihrer Eltern, die sie wiederum an ihre eigenen Jungen weitergeben. So kann eine Tierart über Jahrmillionen bestehen bleiben. Sterben aber mehr Tiere als Nachkommen produziert werden, wird die Art immer seltener, bis sie schließlich ausstirbt. Deshalb ist es wichtig, daß jede Tierart genügend Nachkommen hervorbringt.

Bei Säugetieren, wie zum Beispiel Affen, Pferden oder Hunden, wachsen die Jungen im geschützten Mutterleib heran, bis sie geboren werden. Dann werden sie von ihren Eltern umsorgt und gefüttert, bis sie sich selbst Nahrung suchen und vor Feinden schützen können. Da sich Säugetiere so gut um ihren Nachwuchs kümmern, sterben nicht so viele Jungtiere, und es müssen auch nicht so viele Nachkommen geboren werden. In der Regel besteht ein Wurf aus einem bis acht Jungen.

Die meisten Kriechtiere, Lurche und Fische überlassen ihre Eier nach der Ablage sich selbst. Daher fallen viele Eier und frisch geschlüpfte Jungtiere Feinden zum Opfer. Damit die Art trotzdem nicht ausstirbt, müssen diese Tiere sehr viele Nachkommen erzeugen. Nicht selten werden Hunderte oder Tausende von Eiern auf einmal abgelegt, damit wenigstens einige Tiere heranwachsen und sich weitervermehren können. Das Foto rechts zeigt einen Grasfrosch in seinem Laich.

Auch Vögel, wie zum Beispiel Hühner (Bild unten) oder Meisen, kümmern sich meistens gut um ihren Nachwuchs, wenn er ausgeschlüpt ist. Sie legen, je nach Art, ein bis 30 Eier pro Jahr.

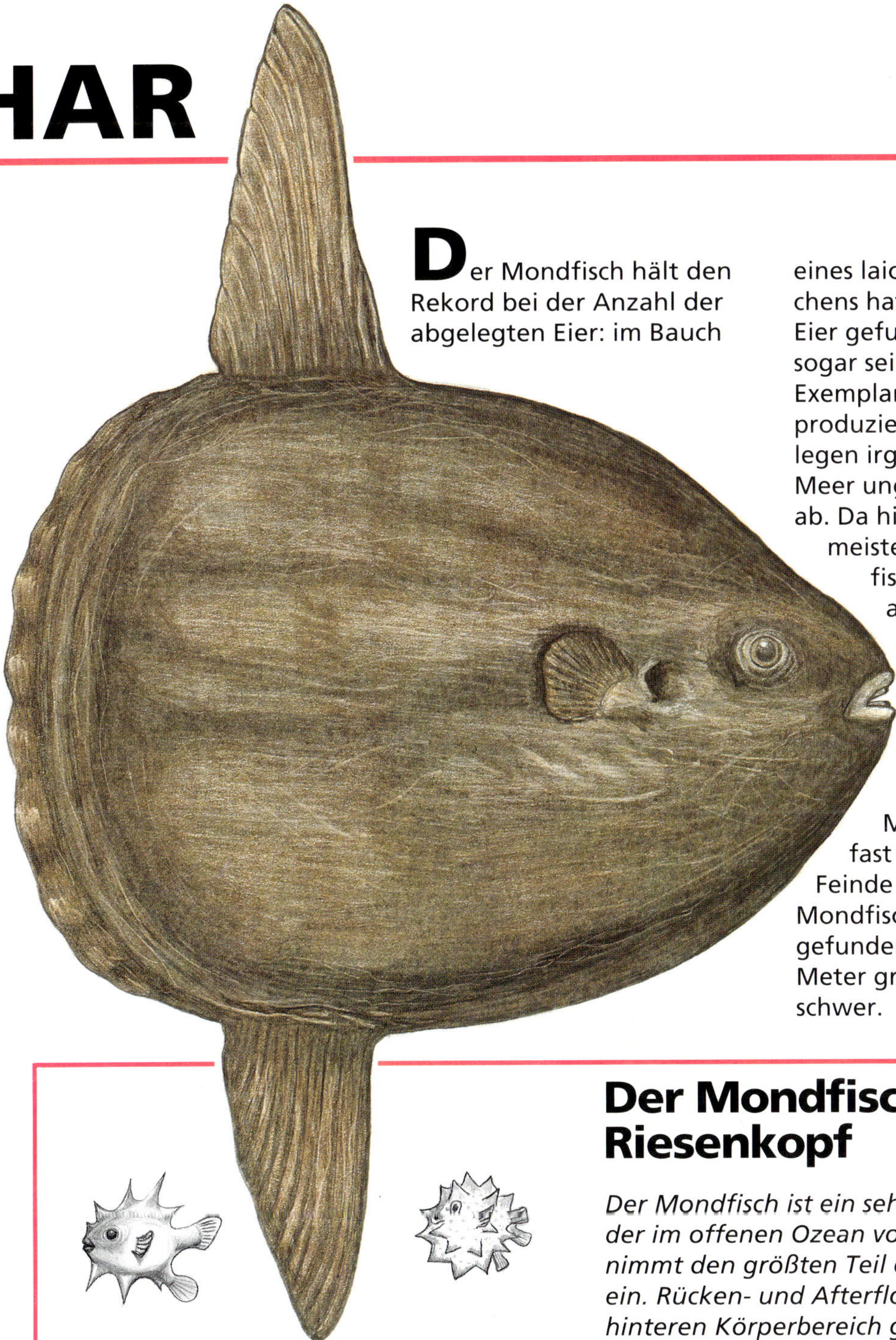

Der Mondfisch hält den Rekord bei der Anzahl der abgelegten Eier: im Bauch eines laichbereiten Weibchens hat man 300 Millionen Eier gefunden. Und es kann sogar sein, daß größere Exemplare noch mehr Eier produzieren. Mondfische legen irgendwo im offenen Meer ungeschützt ihre Eier ab. Da hier natürlich die meisten Eier und Jungfische irgendwelchen anderen Tieren zum Opfer fallen, müssen so viele Nachkommen produziert werden. Ausgewachsene Mondfische haben fast keine natürlichen Feinde mehr. Der größte Mondfisch, den man je gefunden hat, war etwa vier Meter groß und 1500 kg schwer.

Der Mondfisch mit dem Riesenkopf

Der Mondfisch ist ein sehr sonderbarer Fisch, der im offenen Ozean vorkommt. Der Kopf nimmt den größten Teil des ovalen Körpers ein. Rücken- und Afterflosse stehen sich im hinteren Körperbereich gegenüber und weit vom Körper ab. Die Schwanzflosse ist zu einem lappenartigen Flossensaum umgebildet. Die winzigen Brustflossen befinden sich hinter den kleinen Kiemendeckeln und den Augen. Die Haut des Mondfischs ist nicht mit Schuppen besetzt. Sie ist rauh und derb und soll im Dunkeln leuchten. Mondfische sind mit den Kugelfischen eng verwandt. Das erkennt man daran, daß die Jungtiere wie die Kugelfische Stacheln besitzen.

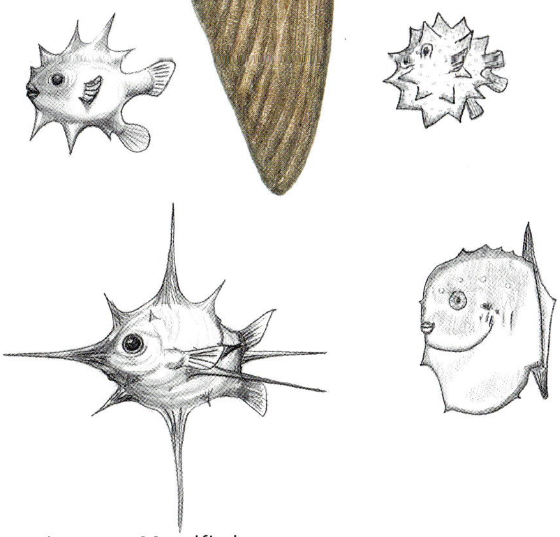

Jungtiere vom Mondfisch

WUSSTEST DU, ...?

■■■ daß der afrikanische Mandrill, eine Affenart, das bunteste Gesicht aller Tiere hat?

■■■ daß die Krokodile die einzigen Kriechtiere mit Ohren sind?

■■■ daß die Hornkröte, die zu den Kriechtieren gehört, bei Gefahr Blutstropfen durch ihre Augen abgibt?

■■■ daß es zwei Säugetierarten gibt, die Eier legen: das Schnabeltier und der Schnabeligel? Beide leben in Australien.

■■■ daß im Meer in einer Tiefe von 10.000 Metern noch Schwämme, Meereswürmer, Seesternverwandte und Krebse leben?

■■■ daß Taubenküken in den ersten Lebenstagen mit der Kropfmilch gefüttert werden? Das ist eine nahrhafte Flüssigkeit, die im Kropf der Eltern gebildet wird.

■■■ daß die Wasserspinne ihren eigenen Luftvorrat in Form einer Luftblase mit unter Wasser nimmt?

■■■ daß das einzige Säugetier mit Giftzähnen eine nordamerikanische Spitzmaus ist?

■■■ daß Frösche nicht trinken, sondern das Wasser durch die Haut aufnehmen?

QUIZ

Du findest in diesem Buch vier Quizseiten. Aus den richtigen Antworten auf die Fragen entsteht auf jeder Quizseite ein Lösungswort. Wenn du die Lösungsworte hintereinander schreibst, erhältst du den Lösungssatz.

1. Was ist ein Fettschwalm?

G Ein übergewichtiges Tier

E Ein Druckfehler: es muß „Fettschwein" heißen

S Ein Vogel

R Ein Tier, das sich nur von Fett ernährt

2. Wie schützen sich Fische vor dem Gefrieren?

S Sie ziehen sich warm an

C Sie bilden eine Art Frostschutzmittel

B Gar nicht, sie lassen sich einfrieren

L Sie wandern in eine wärmere Gegend

3. Was besitzen der Hoatzin und die Kuh?

K Ein Euter

H Einen Wiederkäuermagen

U Hörner

4. Was frißt der Gletscherfloh?

W Blut von Bergsteigern

C Eis

N Pollen

5. Was ist ein Polyp?

H Ein Tintenfisch

E Ein Nesseltier

O Ein Polizist

6. Warum macht der Schwarzkäfer Kopfstand?

W Er trainiert für Olympia

U Er tarnt sich

L Er sammelt Wasser

K Weil seine Hinterbeine zu schwach sind

7. Warum haben Wüstentiere so große Ohren?

L Damit sie gut Wärme abgeben können

A Damit sie Sandstürme rechtzeitig hören können

T Damit sie ihren Kopf nachts zudecken können

M Damit man sie von weitem gut erkennt

3. Lösungswort:

1	2	3	4	5	6	7

KAPITEL 4

REKORD-VERDÄCHTIG

Schneller, höher, weiter – das könnte man denken, wenn man sich die Leistungen verschiedener Tiere beim Laufen, Springen oder Fliegen anschaut. In jeder Disziplin hält eine bestimmte Tierart den Rekord. Aber Tiere können nicht nur besonders schnell rennen oder schwimmen oder besonders hoch oder weit springen, sondern sie schaffen es sogar, an der Decke entlangzulaufen oder in die größten Tiefen des Meeres hinabzutauchen.

Ein Leben ohne Hindernisse
Seite 62 / 63

Weltmeister im Spurten
Seite 64 / 65

Mit großen Sprüngen durchs Leben
Seite 66 / 67

Gut zu Fuß
Seite 68 / 69

Ein Fisch geht spazieren
Seite 70 / 71

Er wandelt übers Wasser
Seite 72 / 73

EIN LEBEN OHNE HIN

Für die meisten Landtiere ist das Laufen die wichtigste Fortbewegungsart. Ihre Füße sind an das Laufen auf verschiedenen Untergründen wie Fels, Schnee oder Sand angepaßt. Es gibt aber auch Tiere, die an Wänden hochlaufen und sogar an der Decke spazierengehen können.

Geckos (Fotos) gehören zu den Kriechtieren und leben in den warmen Ländern der Tropen und Subtropen. Sie können an Decken und senkrechten Wänden entlanglaufen. Der größte Gecko und somit das größte Tier, das an der Decke spazierengehen kann, ist der Tokee. Er wird bis zu 40 cm lang und lebt in den Tropen Südostasiens. Geckos verstecken sich tagsüber unter Steinen oder in Ritzen und Spalten. Nachts werden sie munter und gehen auf die Jagd nach Spinnen, Insekten und anderen kleinen Tieren. Oft leben Geckos in den Häusern der Menschen. Sie sitzen dann an einer senkrechten Wand oder sogar an der Decke und lauern auf Beute. Wagt sich ein Beutetier in die Reichweite der Geckos, schnellt die lange Zunge vor, und die Beute verschwindet blitzschnell im Maul.

Wie laufen Tiere an der Decke?

Die Geckos, zum Beispiel, haben Zehen, die am Ende verbreitert und abgeflacht sind. Auf der Unterseite erkennt man querverlaufende Häutchen, die Lamellen genannt werden. Diese Lamellen sind wiederum mit Millionen feiner Borsten besetzt, die sich am Ende auffächern. Wie mit feinsten Häkchen hält sich der Gecko damit auf dem Untergrund fest. Er saugt sich also nicht an der Wand fest, sondern nutzt die winzigsten Unebenheiten aus, um sich daran festzuklammern.

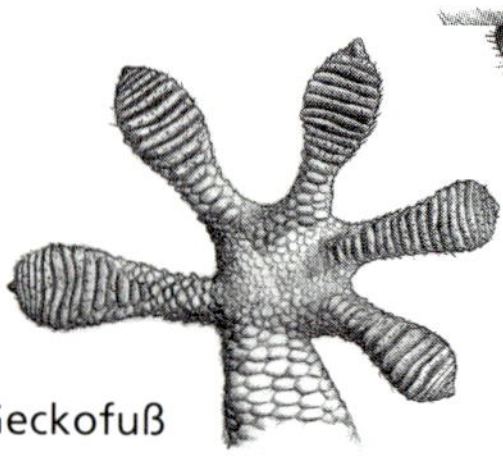

Geckofuß

Insektenfuß

Die Haftlappen der Spinnen und Insekten sind weiche Polster, die mit feinen Rillen und winzigen Härchen besetzt sind. Damit können sich die Tiere auf glatten Untergründen festhaften.

DERNISSE

Laubfrösche (Bild rechts) können an senkrechten Wänden hochlaufen. Sie benötigen dazu allerdings Feuchtigkeit. So wie man zwei Glasscheiben mit etwas Wasser zusammenkleben kann, haften die Zehen auf dem glatten Untergrund.

Spinnen (Bild unten) und Insekten besitzen an ihren Füßen verschiedene Haken, krallenartige Borsten und sogenannte Haftlappen. Mit ihnen können sie sich an Wänden und Decken festhalten.

Schnecken produzieren einen besonderen Schleim, der die Unebenheiten des Untergrundes ausgleicht und mit dem sie sich festheften können. Deshalb hinterlassen Schnecken auf ihren Wanderungen deutliche Schleimspuren.

WELTMEISTER IM SPU

Für viele Tiere ist es sehr wichtig, schnell laufen zu können, egal, ob sie ihre Beute jagen oder vor einem Feind davonrennen. Ein Hase, ein Windhund oder ein Rennpferd spurten 100 Meter in 5 Sekunden, der Gepard schafft es sogar in 3 Sekunden. Das entspricht 120 km/h.

Der Gepard gehört zu den Großkatzen. Allerdings schleicht er sich nicht auf Katzenart an seine Beute heran, sondern lauert ihr versteckt in einem gewissen Abstand auf. Plötzlich taucht er aus seiner Deckung auf, verfolgt das fliehende Opfer und erbeutet es im Laufen. Da der Gepard vorwiegend Gazellen jagt, die auch sehr schnell rennen können, muß er einfach noch schneller sein, um nicht zu verhungern. Obwohl der Gepard zu den Katzen gehört, unterscheidet er sich in einigen Merkmalen von seinen Verwandten. Er kann nicht die Krallen einziehen. Wie bei Hunden bleiben sie immer in derselben Stellung und schleifen sich beim Laufen ab. Der Gepard besitzt auch keine großen Pranken wie Löwe oder Tiger, sondern zierliche Tatzen.

Die Augen des Gepards haben nicht die für Katzen typischen Schlitzpupillen, sondern runde Pupillen. Geparden leben nicht in Familienverbänden wie zum Beispiel Löwen. Die Weibchen sind Einzelgänger und versorgen ihre Jungen, die manchmal eineinhalb Jahre bei ihnen bleiben. Die Männchen leben in Gruppen von vier bis fünf Tieren und verteidigen ihr Revier gegen andere Männergruppen. Nur zur Paarung kommen Männchen und Weibchen zusammen.
Der Gepard lebte früher in den Trockensavannen Asiens und in weiten Teilen Afrikas. In Asien gibt es nur noch wenige Geparden. In Afrika haben sie nur in den großen Nationalparks überlebt.
Und obwohl es überall streng verboten ist, sie zu jagen, werden immer wieder Geparden wegen ihres kostbaren Fells von Wilderern erlegt.

Was macht den Geparden so schnell?

Der Gepard hat den idealen Körperbau für einen schnellen Sprinter.
Seine Beine sind sehr lang, so daß er riesige Sätze machen kann. Der Körper ist schlank und geschmeidig. Er spannt sich im Lauf wie ein Bogen, um dann mit voller Kraft wieder nach vorne zu schnellen. Dabei setzen die Hinterbeine vor den Vorderbeinen auf.
Der lange Schwanz wird zur Balance gerade nach hinten gestreckt und dient auch als Steuer bei plötzlichen Wendungen, wenn der Gepard eine Beute verfolgt, die Haken schlägt.
Die kräftigen Muskeln und die große Lunge ermöglichen es dem Gepard, schnell loszuspurten. Die Beute muß nach einer Minute erlegt sein, sonst hat der Gepard keine Chance mehr, und er gibt auf.

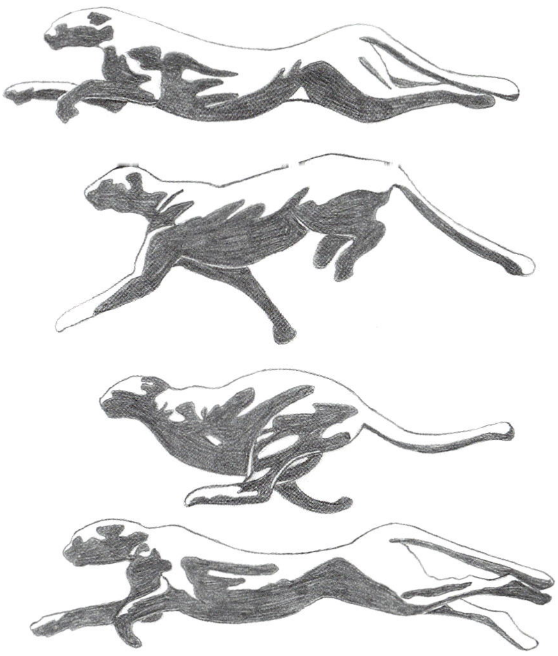

MIT GROSSEN SPRÜNG

Die meisten Tiere, die sehr weit oder hoch springen können, besitzen lange Beine und kräftige Muskeln, wie Springfrösche oder Flöhe. Es gibt aber auch andere Techniken, mit denen sich Tiere hoch in die Luft schleudern können.

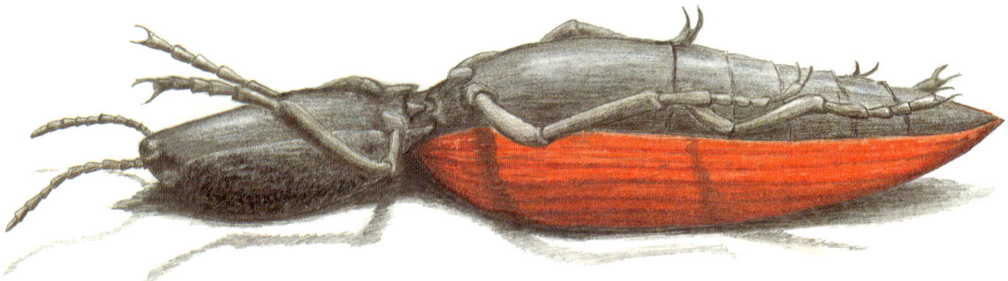

Springschwänze gehören zu den Urinsekten und besitzen noch keine Flügel. Sie benutzen zum Springen das Ende ihres Hinterleibs, das Sprunggabel genannt wird, mit dem sie sich vom Boden abdrücken.

Der Springfrosch (Foto oben) ist an seinen besonders langen und kräftigen Hinterbeinen zu erkennen. Sein Rekord im Weitsprung liegt bei zwei Metern. Das ist die 30fache Körperlänge.

Der Schnellkäfer (Illustration) besitzt zwischen dem Bruststück und den Flügeln ein besonderes Gelenk, das in Ruhestellung eingerastet ist. Liegt das Tier auf dem Rücken, kann es dieses Gelenk ausrasten, wobei das Bruststück gegen die Oberkante der Flügel schlägt. Dieses Ausrasten hört man als ein Knipsen. Dabei wird der Käfer schräg nach oben weggeschleudert, wobei er sich viele Male überschlägt. Schnellkäfer springen in einem Bogen bis zu 50 cm hoch und 30 cm weit.

Der Floh springt 60 cm weit, das entspricht seiner 200fachen Körperlänge. Mit dieser Leistung läßt er alle anderen Mitbewerber im Tierreich weit hinter sich. Auch im Hochsprung ist der Floh nicht zu schlagen: er springt aus dem Stand bis zu 30 cm hoch.

N DURCHS LEBEN

Die Känguruhs sind die berühmtesten Weitspringer unter den Säugetieren.
Das Rote Riesenkänguruh (Bild unten) schafft eine Weite von 13 Metern, also etwa das Siebenfache der Körperlänge. Auch im Hochsprung schneidet es mit immerhin drei Meter Höhe nicht schlecht ab.
Durch ihre kräftigen Hinterbeine können sie so gut springen. Der Schwanz dient zum Abstützen und Balancieren.

Der Klippspringer (Bild rechts) gehört zu den Antilopen und erreicht eine Schulterhöhe von höchstens 60 cm. Er springt aus dem Stand mehrere Meter hoch. Damit hält er im Hochsprung den Rekord unter den Säugetieren. Klippspringer leben in felsigen Gebieten Afrikas.
Als einzige Huftiere laufen sie auf den Zehenspitzen.
Dadurch können sie auf sehr schmalen Felsgraten und sogar an fast senkrechten Felswänden entlangklettern.

Warum juckt der Biß vom Floh?

Flöhe gehören zu den nicht geflügelten Insekten. Es gibt 1500 verschiedene Arten, die zwischen 2 und 6 mm groß werden. Flöhe ernähren sich von dem Blut von Vögeln und Säugetieren. Mit Stechborsten bohren sie sich in die Haut und saugen Blut. Vorher spritzen sie noch mit ihrem Speichel eine Flüssigkeit in die Wunde, die verhindert, daß das Blut gerinnt. Diese Flüssigkeit reizt die Haut der Opfer und läßt Flohbisse so unangenehm jucken. Damit der Floh gut auf sein Wirtstier aufspringen kann, hat er kräftige Muskeln an den Hinterbeinen.

GUT ZU FUSS

Verschiedene Tiergruppen haben unterschiedlich viele Beine. An der Anzahl der Beine kann man gleich erkennen, zu welcher Gruppe einzelne Tierarten gehören. Bei Tieren, die fliegen können oder die im Wasser leben, sind die Beine zu Flügeln oder Flossen umgebildet. Die meisten Beine im Tierreich besitzt aber der Tausendfüßer.

Tausendfüßer gab es schon vor etwa 400 Millionen Jahren. Sie gehören zu den Gliederfüßern. Das bedeutet, daß ihre Beine in mehrere, bewegliche Abschnitte gegliedert sind. Der Körper der Tausendfüßer besteht aus vielen Ringen, die auch Segmente genannt werden. Sie sind beweglich miteinander verbunden. Innerhalb der Tausendfüßer unterscheidet man zwei Gruppen: die Doppelfüßer und die Hundertfüßer. Die Doppelfüßer besitzen zwei Beinpaare pro Körperring. Zu ihnen gehören die Arten mit den meisten Beinen. Die größte Anzahl von Beinpaaren, die man gezählt hat, waren 340. Doppelfüßer leben im Boden und dort, wo es dunkel und feucht ist. Sie ernähren sich von abgestorbenen Pflanzen. Die Hundertfüßer haben einen abgeplatteten Körper mit größeren und nicht so vielen Segmenten. Auch sind ihre Beine länger und stehen weit vom Körper ab. Sie ernähren sich räuberisch.

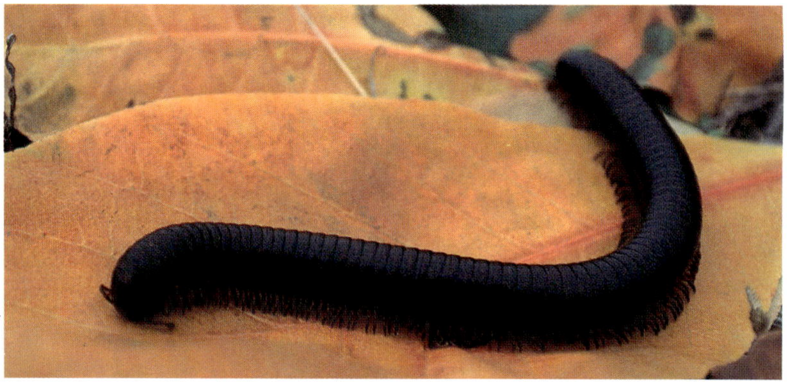

Wie bewegt der Tausendfüßer seine Beine?

Die Fortbewegung der Tausendfüßer kann man am besten bei den Arten mit sehr vielen Beinpaaren beobachten. Beim Laufen geht durch den Körper des Tieres eine Wellenbewegung. Nacheinander bekommt jeder Körperring vom Nervensystem den Befehl, sein Beinpaar nach vorne zu bewegen. Sind die Beine nach vorne gesetzt, kommt ebenso der Reihe nach für jedes Paar der Befehl, sich wieder nach hinten zu bewegen. Da also benachbarte Beinpaare nicht gleichzeitig, sondern nacheinander dieselbe Bewegung ausführen, kommt es zu dieser Wellenbewegung, die den Vorteil hat, daß sich die Beine nicht verhaken.

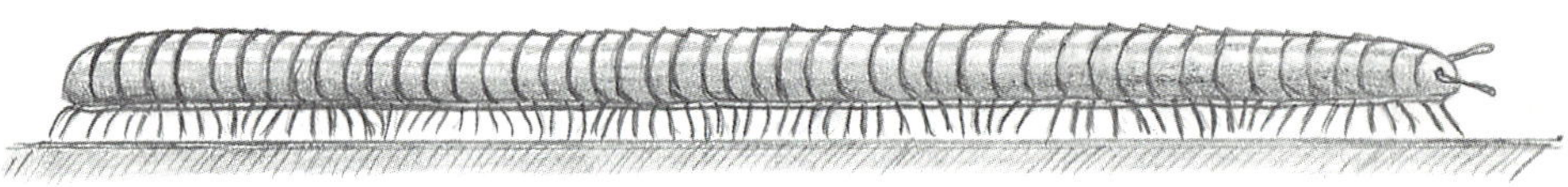

Zu den Gliederfüßern gehören außer den Tausendfüßern noch die Krebse, Spinnen und Insekten. Krebse besitzen mindestens zehn Beine, manche Arten noch mehr.

Das vordere Beinpaar ist oft zu großen Scheren umgebildet, mit denen der Krebs seine Nahrung zum Mund führt (Foto oben links). Zu den Krebsen gehören auch die Asseln, die bei uns unter Steinen und an feuchten Plätzen zu finden sind. Spinnen besitzen acht Beine, die alle zum Laufen benutzt werden. Manche Arten, wie die Zebraspringspinne, können gut springen und überwältigen ihre Beute im Sprung.
Alle Insekten haben sechs Beine. Ihr Körper ist in Kopf, Brust und Hinterleib gegliedert.

Lurche, Kriechtiere, Vögel und Säugetiere gehören zur Gruppe der Vierfüßer. Bei den Vögeln ist das vordere Beinpaar zu den Flügeln umgebildet.
Die Beine der Vierfüßer sind sehr kräftig und muskulös, weil ja ein ziemlich schwerer Körper auf nur vier Beinen getragen werden muß. Einige Vierfüßer sind vom Land wieder ins Wasser gegangen, wie die Meeresschildkröten, die Wale, die Robben oder die Seebären (Foto oben rechts). Bei ihnen haben sich die Beine zu Flossen umgewandelt oder sind teilweise ganz verschwunden, wie die Hinterbeine der Wale. Der Mensch geht auf zwei Beinen. Seine Vorderbeine sind zu den Armen geworden.

EIN FISCH GEHT SPAZ

Im Jahre 1938 wurde vor der Küste Ostafrikas ein sonderbarer Fisch gefangen, den man nie zuvor gesehen hatte. Als Forscher ihn untersuchten, stellten sie fest, daß es sich um einen Quastenflosser handelte. Bislang hatte man geglaubt, diese Fische seien vor 60 Millionen Jahren ausgestorben.

Der Quastenflosser kommt in Tiefen von 200 Metern vor. Er ist vor allem nachts aktiv und geht dann auf die Jagd nach anderen Fischen. Allerdings schwimmt er nur langsam und behäbig und läßt sich dabei vorwiegend von Strömungen treiben. Quastenflosser werden über 170 cm lang und ungefähr 70 Kilo schwer. Sie legen etwa 9 cm große Eier.

Nach dem Ablegen platzt die Eihülle sofort auf, und ein 32 cm langes Quastenflosser-Baby schlüpft heraus.
Da Quastenflosser nur sehr wenige Eier legen, vermehren sie sich auch recht langsam. Früher wurden auf Quastenflosser Prämien ausgesetzt. Seit 1989 ist ihr Fang verboten. Trotzdem geraten immer mehr dieser Tiere in die Fangnetze von Fischern. Daher sind sie in ihrem Bestand gefährdet, und vermutlich gibt es nur noch wenige.

Um die Quastenflosser vor dem Aussterben zu bewahren, müßte ihr Lebensraum zu einem Meeres-Schutzgebiet erklärt werden, wo nicht gefischt werden darf.

Die Flossen des Quastenflossers sind nicht dünnhäutig wie bei anderen Fischen, sondern kräftig und muskulös. Zum Schwimmen gebraucht der Quastenflosser nur die Rücken- und die Afterflosse. Die Schwanzflosse wird überhaupt nicht bewegt. Der Quastenflosser kann jede beliebige Position einnehmen: Er macht Kopfstand, schwimmt schräg oder rückwärts und dreht sich sogar auf den Rücken.
Die Quastenflosser sind ein Überbleibsel aus der Zeit, als die Dinosaurier noch die Erde beherrschten.

Vom Fisch zum Vierfüßer

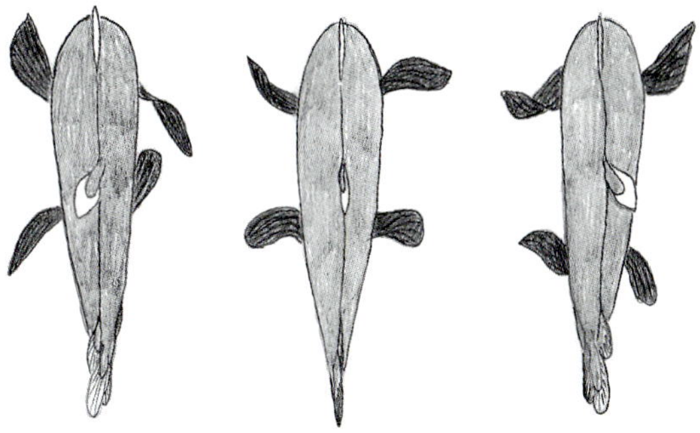

Die Vorfahren des Quastenflossers schwammen schon durch unsere Meere, bevor es Haie und Knochenfische gab. Aus ihnen haben sich vor etwa 350 Millionen Jahren die ersten Landwirbeltiere entwickelt. Ihr Schädel war gebaut wie der eines Quastenflossers. Die Beine erinnerten an die von Lurchen. Und am Schwanz besaßen sie einen Flossensaum, wie ihn Fische haben. Die Brust- und die Bauchflossen benutzt der Quastenflosser nicht zum Schwimmen, sondern er setzt sie wie Beine ein. Mit ihrer Hilfe wandert er gemächlich über den Meeresgrund. Während sich die linke Brustflosse und die rechte Bauchflosse nach vorne bewegen, werden die rechte Brustflosse und die linke Bauchflosse nach hinten gezogen und umgekehrt. Diese Bewegung entspricht der Laufbewegung eines vierfüßigen Landtieres. Seit der Entdeckung des Quastenflossers haben sich viele Forscher mit diesem Tier beschäftigt. Sie hatten eine wichtige Stufe in der Entwicklungsgeschichte der Tiere gefunden.
Die Art, wie der Quastenflosser seine Bauch- und Brustflossen bewegt, beweist die Abstammung der Landwirbeltiere von diesem urtümlichen Fisch. Aus den kräftigen, mit Muskeln ausgestatteten Flossen haben sich bei den Landtieren die Beine entwickelt.

ER WANDELT ÜBERS

Im Wasser kann man sich normalerweise nur schwimmend fortbewegen. Zum Laufen braucht man einen festen Untergrund. Einige Tiere schaffen es aber, über eine Wasseroberfläche zu laufen, ohne einzusinken.

Basilisken gehören zu den Kriechtieren und ähneln mit ihren Kopfhelm und Rückenkamm den Leguanen. Sie leben an den Ufern von Seen und Flüssen in den tropischen Gebieten Amerikas und ernähren sich von kleinen Tieren und Früchten.
Große Basilisken werden bis zu 80 cm lang, wobei allein 50 cm auf den Schwanz entfallen. Bei Gefahr erheben sie sich auf ihre langen Hinterbeine und fliehen mit großen Schritten. Auf diese Weise können sie nicht nur über Land, sondern sogar über das Wasser laufen. Aber Basilisken sind auch gute Schwimmer. Die Füße der Basilisken besitzen sehr lange Zehen, die durch einen Hautsaum zusätzlich verbreitert sind. Läuft der Basilisk über das Wasser, berühren seine Füße jeweils nur so kurz die Wasseroberfläche, daß keine Zeit zum Einsinken bleibt.
Die Tiere erreichen dabei eine Geschwindigkeit von 12 km/h und können mehrere Hundert Meter auf dem Wasser zurücklegen. Durch die Fähigkeit, über das Wasser zu laufen, können die Basilisken Feinde, von denen sie an Land verfolgt werden, schnell abhängen.

WASSER

Der Schlittschuhläuferfrosch (Bild unten) lebt in Südasien. Er verläßt nur selten das Wasser und kann, ähnlich wie ein Schlittschuhläufer, mehrere Meter über das Wasser gleiten. Wenn er schließlich absinkt, schwimmt er wie jeder andere Frosch im Wasser weiter. Die Bewegung der Schlittschuhläuferfrösche ist kein Laufen wie beim Basilisken, sondern gleicht eher einem Springen.

Der einheimische Wasserläufer (Bild oben) gehört zu den Wanzen. Er wird bis zu 2 cm groß. Die langen Beine werden weit vom Körper abgespreizt. Die Tiere schwimmen mit schnellen, ruckartigen Bewegungen über die Wasseroberfläche. Wasserläufer ernähren sich von kleinen Insekten, die auf die Wasseroberfläche fallen. Sie ergreifen ihre Beute und saugen sie aus.

Wie laufen kleine Tiere auf dem Wasser?

Für ganz kleine Tiere ist es viel einfacher, auf dem Wasser zu laufen als für große. Sie können sogar auf der Wasseroberfläche stehen, ohne einzusinken. Dabei hilft ihnen die natürliche Oberflächenspannung des Wassers. Die Beine und die Bauchseite der Wasserläufer sind zusätzlich mit eingefetteten Haaren bedeckt, die wasserabweisend wirken. So kommt das Tier gar nicht mit dem Wasser in Berührung.
Man kann sich die Wasseroberfläche wie ein dünnes Häutchen vorstellen. Legt man zum Beispiel eine Stecknadel sehr vorsichtig aufs Wasser, schwimmt sie auf diesem Oberflächenhäutchen. Setzt man allerdings die Oberflächenspannung des Wassers herab, indem man einen Tropfen Spülmittel ins Wasser gibt, zerreißt das Häutchen, und die Nadel versinkt.

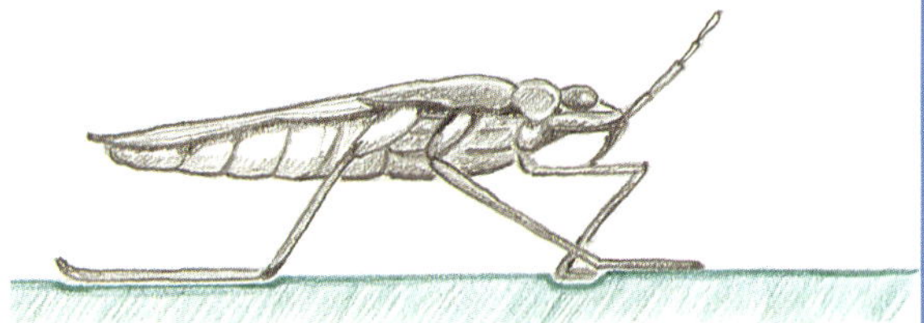

EIN ATEMZUG PRO ST

Wale und Delphine sind geschickte Schwimmer und Taucher. Sie gehören zwar zu den Säugetieren, haben sich aber völlig an das Leben im Wasser angepaßt. Wie Menschen atmen sie durch Lungen und müssen zum Luftholen an die Oberfläche kommen. Wie schaffen sie es trotzdem, so lange und so tief zu tauchen, und wie haben sie sich an das Leben im Meer angepaßt?

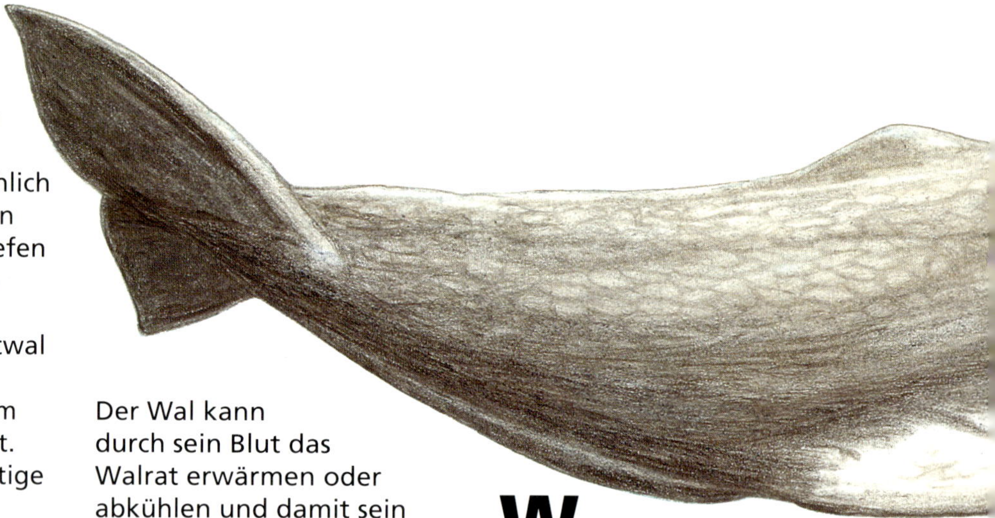

Den Rekord im Tieftauchen hält der Pottwal: Er taucht bis zu 3000 Meter tief. Das tut er, weil er sich hauptsächlich von großen Tintenfischen ernährt, die in diesen Tiefen leben. Der Pottwal kann etwa 90 Minuten unter Wasser bleiben. Der Pottwal hat eine besondere Einrichtung, die ihm beim Tauchen hilft: das Walrat. Das ist eine große fettartige Masse im unförmigen, riesigen Kopf des Tieres. Das Walrat ist, je nach Temperatur, ölig oder wachsartig. Je kälter es wird, um so größer ist seine Dichte und somit sein Gewicht.

Der Wal kann durch sein Blut das Walrat erwärmen oder abkühlen und damit sein Gewicht und seinen Auftrieb verändern. Will der Pottwal also tief tauchen, kühlt er seinen Kopf ab, das Walrat wird schwerer und der Wal sinkt nach unten.

Wale und Delphine besitzen einen stromlinienförmigen Körper mit einer glatten Haut. Die Arme sind zu Flossen umgebildet, die Beine sind völlig verschwunden. Die kräftige Schwanzflosse dient als Antrieb beim Schwimmen. Wegen ihres Körperbaus sind diese Tiere nicht mehr in der Lage, sich an Land fortzubewegen. Bei den großen Walen würden an Land die inneren Organe durch das Eigengewicht des Walkörpers sogar erdrückt. Im Wasser dagegen, wo der Auftrieb die Tiere fast schwerelos macht, können sie ihre großen Körper elegant bewegen.

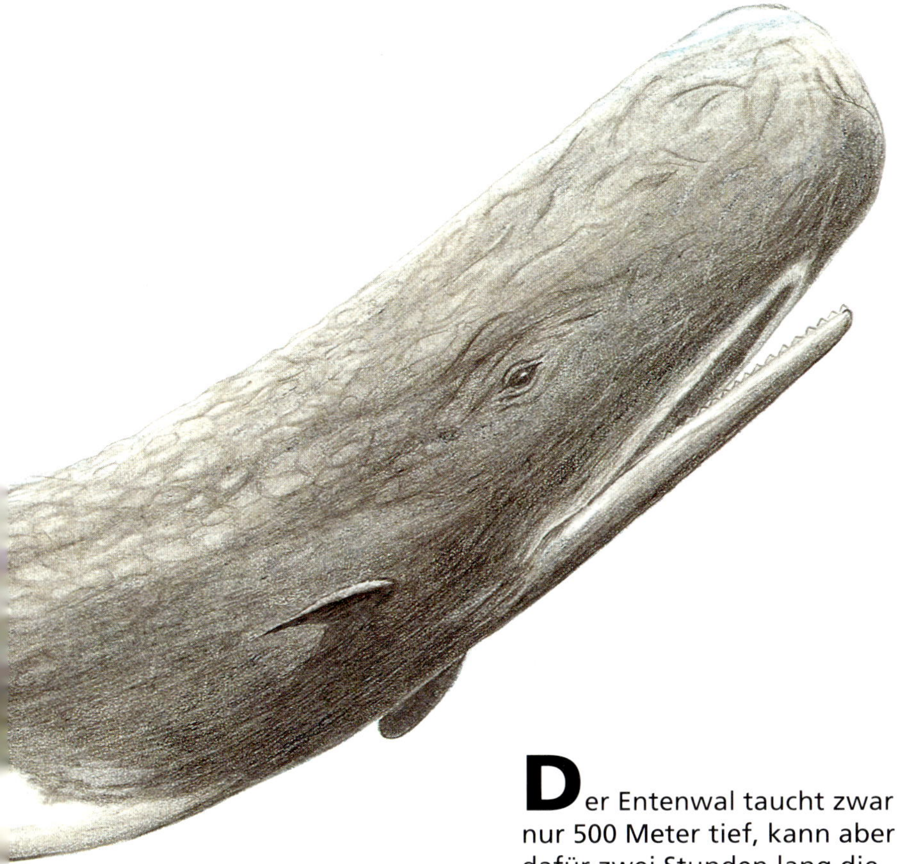

Ein- und ausgeatmet wird durch das Nasenloch auf der Kopfoberseite. Bei den meisten Walen sieht man beim Ausatmen eine Dampffontäne aus dem Atemloch aufsteigen. Diese Fontäne wird Blas genannt. Nach der Form des Blases kann man die verschiedenen Wal-Arten unterscheiden.

Der Entenwal taucht zwar nur 500 Meter tief, kann aber dafür zwei Stunden lang die Luft anhalten.

Menschen und Wale beim Tauchen

Wenn ein Mensch mit einer Taucherausrüstung tiefer als zehn Meter taucht und zu schnell wieder auftaucht, bekommt er die Taucherkrankheit. Je tiefer man taucht, desto größer wird der Druck und desto mehr Luft löst sich im Blut. Wenn man dann schnell wieder an die Wasseroberfläche steigt, läßt der Druck nach und die gelöste Luft im Blut sprudelt wie die Kohlensäure in einer Mineralwasserflasche, die man öffnet. Dadurch kann der Mensch sehr krank werden und sogar sterben.

Wale haben dieses Problem nicht. Sie atmen vor dem Tauchen aus. Deshalb befindet sich fast keine Luft in ihren Lungen, so daß sich auch keine Luft im Blut lösen kann. Die Lungen werden ganz eng zusammengedrückt.

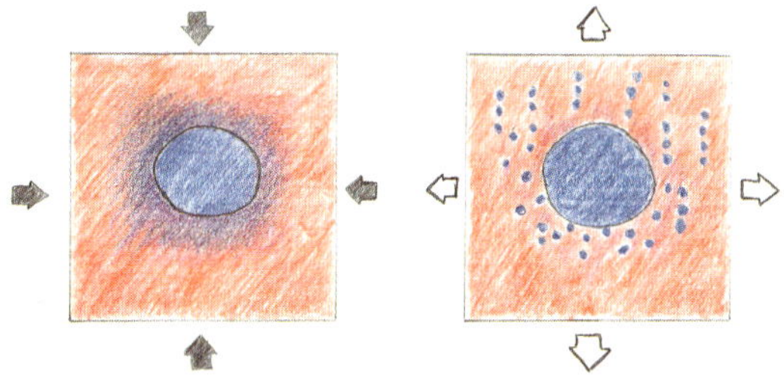

LEBEN IN EWIGER DU

Die Tiefsee beginnt in 200 bis 1000 Meter Tiefe, wo kein Licht mehr das Wasser durchdringt und ewige Dunkelheit herrscht. Das Wasser ist dort sehr kalt und salzhaltig, der Druck hoch und mit zunehmender Tiefe immer stärker. Jahreszeiten gibt es keine mehr. Die einzigen Nährstoffe bilden tote Tiere und Pflanzen, die von den oberen Wasserschichten nach unten sinken, und der Kot der Tiere, die weiter oben leben. Wegen des fehlenden Sonnenlichtes wachsen in der Tiefsee keine Pflanzen.

Einige Tintenfischarten leben in der Tiefsee. Sie besitzen Leuchtorgane, die sie wie Scheinwerfer einsetzen können. Damit beleuchten sie ihren Weg, suchen nach Beute und blenden ihre Feinde. Anstatt Tinte, die man in der Dunkelheit nicht sehen würde, geben die Tiere eine leuchtende Substanz ab, um ihre Feinde zu verwirren.

Viele Tiefseefische, wie der Viperfisch auf dem Foto Seite 77, haben sehr große Augen, um das wenige Licht, das andere Arten erzeugen oder das vielleicht noch bis in ihren Lebensraum vordringt, gut auszunutzen. Der Kopf der Tiefseefische ist meist riesig, damit sie große oder viele Beutetiere auf einmal fangen können.

Warum Tiefseefische leuchten

Ein auffälliges Merkmal der Tiefseefische sind ihre Leuchtmuster. Die Tiere selbst sind unscheinbar dunkel gefärbt. Sie können aber auf ihrem Körper verschiedene Punkte zum Leuchten bringen. So erkennen sich Artgenossen untereinander. Es gibt allein 150 Arten von Laternenfischen, die alle verschiedene Leuchtmuster besitzen. In der Tiefsee gibt es zwar viele verschiedene Arten von Fischen, es leben aber immer nur wenige Tiere einer Art in einem bestimmten Gebiet. Daher kann das Finden eines Partners zur Paarung schwierig werden. Die Leuchtmuster helfen dabei, daß Artgenossen und Partner zueinander finden. Die Leuchtorgane dienen aber auch dem Beutefang, wie beim Anglerfisch. Andere Fische können sie wie Scheinwerfer benutzen und dadurch ihre Beute entdecken. Bei manchen Arten blitzen die Leuchtmuster nur kurz auf, wenn die Tiere erschreckt werden.

Tiefseefische mit ihren Leuchtmustern

NKELHEIT

Der Riesenangler, auch ein Tiefseefisch, hat eine besondere Art der Fortpflanzung entwickelt. Die Tiere laichen in großen Tiefen ab. Die Eier schweben zur Oberfläche, wo die Jungen ausschlüpfen. Wenn sie 8 mm groß sind, sinken sie wieder in eine Tiefe von 1000 Metern ab. Dabei halten sich die Männchen an den Weibchen fest. Die Mundgegend des Männchens verwächst dann mit der Haut des Weibchens und sogar die Blutkreisläufe verbinden sich miteinander. Die Weibchen wachsen normal weiter, während die Männchen nur kleine Anhängsel bleiben.

Die Anglerfische (Illustration) haben eine besondere Art des Beutefangs: Sie angeln buchstäblich nach ihrer Beute. Sie besitzen auf dem Kopf einen langen, dünnen Fortsatz, der nach vorne gebogen wird und an seinem Ende leuchtet. Er sieht aus wie ein zappelnder Wurm. Nähert sich nun ein Fisch, der meint, eine leichte Beute entdeckt zu haben, reißt der Anglerfisch einfach sein riesiges Maul auf. Durch den Wasserstrom wird das Opfer in das Maul eingesogen und gleich verschluckt.

FISCHE MIT PROPELLE

Es gibt viele Tierarten, die fliegen können. Die meisten gehören zu den Vögeln und Insekten. Unter den Säugetieren sind nur die Fledermäuse und Flughunde geschickte Flieger geworden. Einige andere Landtiere haben Techniken entwickelt, mit Hilfe von Flughäuten durch die Luft zu segeln. Aber es gibt sogar Fische, die fliegen können.

Die Flugfische, die auch fliegende Fische genannt werden, beherrschen nur einen Gleitflug. Es gibt 30 verschiedene Arten von Flugfischen, die in den warmen Ozeanen leben. Sie haben einen schlanken Körper und sehr lange, spitz zulaufende Brustflossen.

Die Beilbauchfische können richtig fliegen, indem sie mit ihren Brustflossen wie mit Flügeln schlagen. Beilbauchfische stammen aus Südamerika und werden höchstens 10 cm groß. Ihr Körper ist seitlich abgeplattet und der Bauch nach unten stark gewölbt. Beilbauchfische halten sich meistens dicht unter der Wasseroberfläche auf. Nach einem mehrere Meter langen Anlauf können sie sich teilweise aus dem Wasser erheben. Dabei schlagen sie schnell mit den sichelförmig gebogenen Brustflossen, die ein surrendes Geräusch erzeugen. Die Brustflossen sitzen sehr weit oben am Körper und wirken wie Flügel. Der untere Teil des Bauches bleibt wie der Kiel eines Schiffes im Wasser. Mit dieser Flugtechnik können die Tiere etwa zehn Meter zurücklegen. Manchen Beilbauchfischen gelingt es sogar, sich ganz aus dem Wasser zu heben und fliegen bis zu drei Meter weit.

R

Das Gleiten mit Hilfe von Flughäuten findet man auch bei Flugechsen, beim Fluggecko und beim Flugfrosch. Beim Flugfrosch sind die Flughäute wie Schwimmhäute zwischen den Zehen gespannt.

Die Flughörnchen gehören zu den Säugetieren. Sie sind Gleitflieger. Mit ihrer Flughaut, die zwischen Körper und Beinen gespannt wird, können sie von erhöhten Plätzen aus abwärts gleiten.

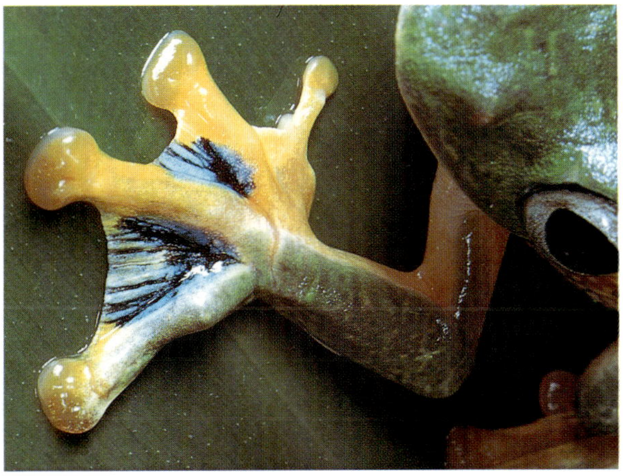

Fliegende Fische

Die Flugfische benutzen eine Art Propellerantrieb, wie man ihn von Schnellbooten kennt. Werden Flugfische von einem Feind verfolgt, beschleunigen sie im Wasser, so schnell sie können, wobei die Schwanzflosse als Antrieb dient. Brust- und Bauchflossen werden dabei eng an den Körper angelegt. Beim Erreichen einer bestimmten Geschwindigkeit tauchen die Tiere aus dem Wasser auf. Nun breiten sie ihre Brustflossen aus, die ihnen als Tragflächen dienen.
Da die Luft viel weniger Widerstand als das Wasser bietet, wird ihre Geschwindigkeit im Flug wesentlich schneller.
Der untere Teil der Schwanzflosse bleibt zunächst noch im Wasser und schlägt etwa 50mal in der Sekunde hin und her. So wirkt er wie ein Außenbordmotor.

Hat der Flugfisch eine Geschwindigkeit von etwa 70 km/h erreicht, erhebt er sich vollends in die Luft. Damit beginnt der echte Gleitflug. Auf diese Weise können Flugfische über 200 Meter und mehr durch die Luft segeln.

MITTAGSSCHLAF BEIM

Die meisten Vögel fliegen, um von einem Ort zum anderen zu kommen und um Nahrung zu suchen. Die restliche Zeit ruhen sie sich am Boden oder in einem Baum sitzend aus.
Manche Arten sind aber so geschickte und ausdauernde Flieger, daß sie tagelang ohne einen Flügelschlag segeln können oder sogar beim Fliegen einschlafen.

Der Mauersegler ist perfekt an das Leben in der Luft angepaßt (Foto rechts). Hat er keine Brut zu versorgen, hält er sich fast nur in der Luft auf. Er trinkt, ißt und schläft im Fliegen. Zum Trinken streift der Mauersegler dicht übers Wasser und taucht kurz den Schnabel ein. Beim Schlafen nutzt er die warmen Aufwinde über den Städten aus. So kann er segeln, ohne mit den Flügeln schlagen zu müssen. Sogar die Paarung findet im Flug statt, und auch das Baumaterial für das Nest wird im Fliegen gesammelt. Mauersegler ernähren sich von fliegenden Insekten, die sie im Flug fangen.
Die Füße der Mauersegler sind winzig klein und nicht zum Sitzen auf einem Ast geeignet, Mauersegler klammern sich mit den Krallen an Mauern und Felswänden fest. Der kurze Körper ist stromlinienförmig und bietet kaum Windwiderstand. Durch kräftige Schläge mit den sichelförmig gebogenen Flügeln erreichen Mauersegler große Geschwindigkeiten.
Sie können über längere Strecken, wenn sie zum Beispiel in ihr Winterquartier nach Afrika fliegen, eine Geschwindigkeit von 150 km/h beibehalten.
Dabei nutzen sie auch Windströmungen zum Segeln aus.

LIEGEN

Der Wanderalbatros ist der beste Segelflieger. Mit einer Flügelspannweite von 3,2 Meter hat er die längsten Flügel im Tierreich. Der Albatros verbringt die meiste Zeit auf dem Meer und fliegt in einem Jahr manchmal mehrfach um die Erde. Nur alle zwei Jahre geht er an Land, um sein einziges Ei auszubrüten. Albatrosse ernähren sich von Fischen und Tintenfischen.

Zum Schlafen lassen sich Albatrosse auf das Meer nieder. Sie können so perfekt segeln, daß sie tagelang fliegen können, ohne einmal mit den Flügeln zu schlagen. An Land sind sie dagegen sehr unbeholfen und machen häufig Bruchlandungen.

Die schnellsten Vögel sind die Stachelschwanzsegler. Sie haben ihren Namen wegen der verlängerten Schäfte einiger Schwanzfedern, die wie blanke Stacheln aussehen. Stachelschwanzsegler leben vorwiegend in den Tropengebieten Afrikas, Asiens und Amerikas. Man hat bei ihnen Geschwindigkeiten von 335 km/h gemessen. Fast so schnell wird auch der Wanderfalke. Etwa 300 km/h erreicht er im Sturzflug beim Beutefang.

Wie fliegen Vögel?

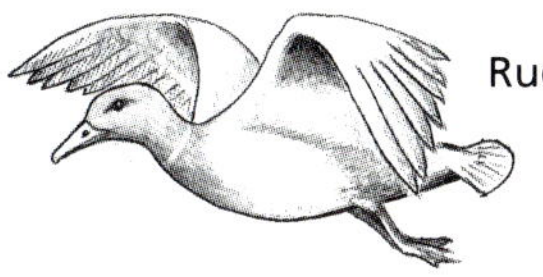

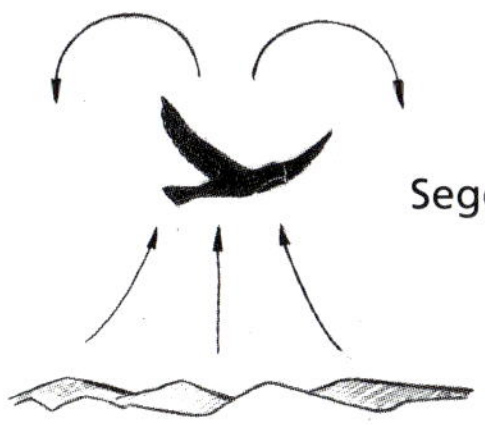

Beim Fliegen gibt es unterschiedliche Techniken. Die meisten Vögel müssen - zumindest beim Starten - kräftig mit den Flügeln schlagen, um den nötigen Auftrieb zu bekommen. Diese Ruderflugtechnik, die man gut bei Tauben oder Enten beobachten kann, ist sehr anstrengend. Deshalb ruhen sich viele Vögel zwischendurch aus, indem sie mit den ausgebreiteten Flügeln eine Zeitlang gleiten. Der Segelflug ist eine besondere Art des Gleitfluges. Beim Segelflug nutzen die Tiere warme Aufwinde aus und lassen sich von ihnen höher tragen. Besonders Seevögel und Greifvögel sind Meister des Segelflugs.

Eine ganz andere Technik beherrscht der Kolibri. Er fliegt im Schwirrflug und kann dabei in der Luft stehen.

WINZLINGE MIT HUB

Kolibris sind die kleinsten Vögel der Welt. Sie kommen nur in Amerika vor. Dort findet man sie überall, von Alaska im Norden bis Feuerland im Süden. Kolibris kommen in den Bergen bis 5000 Meter Höhe vor. Man erkennt sie an ihrem langen, dünnen, gebogenen Schnabel, mit dem sie Nektar aus Blüten saugen können.

Kolibris besitzen von allen Tieren das im Vergleich zur Körpergröße größte Herz. Es schlägt im Ruhezustand 1000mal in der Minute. Bei Bewegung schlägt das Herz noch schneller. Etwa 250mal pro Minute atmet ein Kolibri. Er kann auch von allen Vögeln am schnellsten mit den Flügeln schlagen: bis zu 78mal in der Sekunde.
Kolibris legen die kleinsten Eier von allen Vögeln: Sie sind 13 mm lang und 8 mm breit und wiegen 0,2 g.
Die winzigen Jungen schlüpfen nach einer Brutzeit von zwei bis drei Wochen. Das Weibchen zieht meist die Kleinen auf.
Die kleinste Kolibri-Art ist die Hummelelfe. Sie erreicht eine Flügelspannweite von 7,5 cm und wiegt nur 1,6 g. Somit ist dieser Vogel viel leichter als manche Insekten.

HRAUBERANTRIEB

Kolibris werden etwa acht Jahre alt. Sie müssen jeden Tag das Doppelte ihres Körpergewichtes an Nahrung aufnehmen.

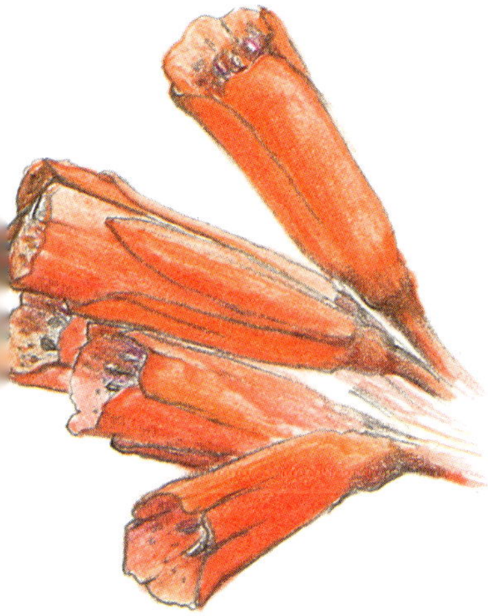

Kolibris ernähren sich von Nektar. Ihr langer gebogener Schnabel ist hervorragend dazu geeignet, tief aus dem Blüteninnern Nektar zu saugen. Die lange Zunge ist zu einer Art Röhre zusammengerollt, durch die der Nektar nach oben gesaugt wird. Dabei stehen die kleinen Vögel im Schwirrflug vor der Blüte. Da Kolibris Schnabel und Kopf tief in die Blüten stecken, um an ihre Nahrung zu gelangen, bleibt auch der Blütenstaub an ihnen hängen und wird auf diese Weise verbreitet. So sind Kolibris, wie bei uns die Bienen, wichtige Blütenbestäuber.

Der Schwirrflug des Kolibris

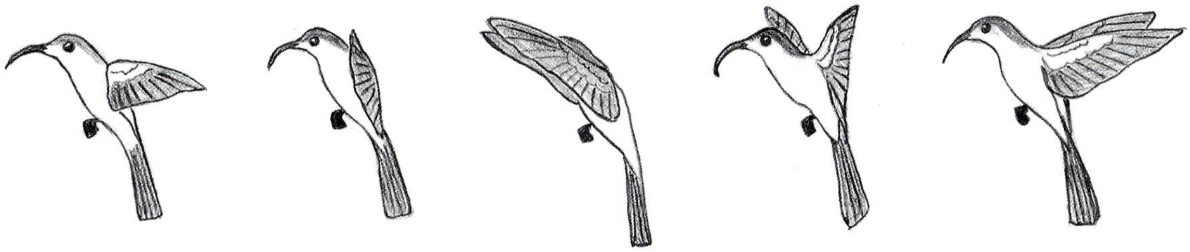

Fliegen ist für Kolibris die wichtigste Fortbewegungsart. Da sie zum Starten keinen Anlauf brauchen und auch Nahrung im Flug aufnehmen, besitzen ihre Beine nur schwache Muskeln. Dagegen sind die Brustmuskeln, die für die Bewegung der Flügel verantwortlich sind, besonders kräftig. Sie machen fast ein Viertel des gesamten Körpergewichtes aus.
Kolibris fliegen im Schwirrflug. Das Besondere am Schwirrflug ist, daß die Vögel in der Luft auf der Stelle stehen, vorwärts und rückwärts fliegen, aus dem Stand senkrecht nach oben starten und ihren Körper beim Fliegen waagerecht oder senkrecht halten können. Die Flügel werden nicht wie bei anderen Vögeln einfach auf- und abgeschlagen, sondern zusätzlich noch um ihre eigene Achse nach vorne und nach hinten gekippt. Nur mit dieser Flugtechnik kann der Vogel auf der Stelle fliegen. Vergleichen läßt sich die Flugtechnik der Kolibris mit dem Antrieb von Hubschraubern, die ja auch auf der Stelle fliegen können und senkrecht starten und landen.

NONSTOP UM DIE HA

Zahlreiche Vogelarten, die in den kalten und gemäßigten Zonen der Erde leben, ziehen jeden Herbst und jedes Frühjahr in ihre Winterquartiere und in ihre Brutgebiete zurück. Dabei lassen manche riesige Entfernungen hinter sich.

Die Küstenseeschwalbe hält den absoluten Rekord beim Vogelzug. Sie fliegt jedes Mal von der Arktis in die Antarktis und wieder zurück. Das entspricht einer Flugstrecke von etwa 36.000 Kilometer pro Jahr.

Wenn sich junge Küstenseeschwalben das erste Mal auf Wanderschaft begeben, müssen sie nicht von erwachsenen Tieren geführt werden. Die Kenntnisse über die Flugroute und das Auffinden ihres Reisezieles ist ihnen angeboren.

Wanderung der Zugvögel

Viele Vögel verlassen im Winter ihr Brutgebiet, weil es dort nicht mehr genügend Nahrung für sie gibt. Alle insektenfressenden Vögel finden bei uns im Winter kaum etwas zu fressen. Sie müssen in wärmere Gebiete ziehen, wo es genug Insekten gibt. Warum bleiben die Tiere dann aber nicht gleich in den wärmeren Klimazonen? Vielleicht ist es dort im Sommer zu heiß und zu trocken, um die Jungtiere aufzuziehen. Vielleicht wäre es auch während der Brutzeit zu voll, oder es gäbe zu viele Feinde, die den Nestern gefährlich werden könnten. Es kann also viele Gründe geben, warum Zugvögel wandern. Allerdings ist es schwer zu verstehen, daß viele Arten über so weite Entfernungen ziehen. Das läßt sich aber mit der Erdgeschichte erklären. Früher lagen die Erdteile viel näher beieinander. Die damaligen Zugvögel brauchten also nicht so weite Strecken zurückzulegen. Allmählich haben sich dann die Erdteile verschoben und voneinander entfernt. Die Vögel sind aber weiterhin zu ihren Winterquartieren geflogen und haben mit der Zeit immer größere Entfernungen zurückgelegt. Da die Zugroute über Generationen weitervererbt wird, fliegen viele Zugvögel über so weite Strecken.

Flugroute des Weißstorches

Die Zugvögel orientieren sich bei ihren Wanderungen nach unterschiedlichen Merkmalen. Sie können sich nach der Landschaft richten oder merken sich Flüsse, Gebirgszüge und Küstenverläufe. Bei Tag orientieren sich auch viele Vögel nach dem Sonnenstand, bei Nacht sogar nach den Sternen. Und einige Vogelarten besitzen eine Art inneren Kompaß und orientieren sich nach dem Magnetfeld der Erde.

Der Millionensturmtaucher unternimmt eine Art Rundreise bei seinem Wanderzug. Er brütet an der Südküste Australiens. Dann zieht er entlang der Ostküste Asiens nach Norden bis er nach Amerika gelangt. Schließlich wandert er an der amerikanischen Westküste wieder nach Süden und fliegt über den Ozean direkt nach Australien. Diese Wanderung dauert mehrere Jahre. Sturmtaucher sind Meeresvögel, die nur zum Brüten an Land kommen. Sie können gut tauchen und gebrauchen unter Wasser ihre Flügel wie Ruder.

Der Wanderregenpfeifer unternimmt auch sehr weite Wanderungen. Er brütet in der Arktis Alaskas oder Sibiriens.
Im Herbst fliegt er nach Süden, überquert den Äquator und verbringt den Winter weit im Süden von Amerika oder Asien.

IMMER MIT DER RUHE

Für viele Tiere ist Schnelligkeit auf der Flucht oder beim Beutefang sehr wichtig. Manche Tiere brauchen aber vor keinem Feind zu fliehen, und die Nahrung wächst ihnen fast in den Mund. Zu diesen Tieren gehört das Faultier.

Das Faultier ist das langsamste Säugetier. Es verschläft bis zu 22 Stunden am Tag. Wenn es sich bewegt, ist es 26mal langsamer als ein Fußgänger. Man unterscheidet die Zweizehen- von den Dreizehen-Faultieren.
Faultiere leben in den Regenwäldern Südamerikas. Mit ihren kräftigen, gebogenen Krallen haken sie sich an Ästen fest und lassen den Körper herabhängen. In dieser Stellung schlafen, fressen und klettern sie. Sie ernähren sich von Blättern, Blüten und Früchten. Die Dreizehen-Faultiere besitzen eine zusätzliche Anpassung an diese Lebensweise. Sie können ihren Kopf wie eine Eule ganz nach hinten drehen. So schauen sie beim Herabhängen nach vorne. Faultiere sind die einzigen Tiere, die ihren Scheitel nicht auf dem Rücken, sondern auf der Bauchseite haben.

Im Regenwald

Der südamerikanische Regenwald wird von dem Amazonas und seinen Nebenflüssen durchzogen. Hier lebt eine riesige Vielfalt von interessanten Tierarten. Die Kaimane, die zu den Alligatoren gehören, ernähren sich von Fischen. Sie sind bedroht, weil man sie wegen ihrer Häute, die zu Taschen und Schuhen verarbeitet werden, jagt. Im trüben Flußwasser weidet der friedliche Flußmanati, der zu den Seekühen gehört, Wasserpflanzen ab.
Auch Flußdelphine suchen hier nach Beute. Da sie im trüben Wasser ohnehin nicht viel sehen können, haben sie nur winzige Augen. Sie orientieren sich durch Schallwellen.
Der Schwimmbeutler ist das einzige Beuteltier, das ins Wasser geht.
Am Flußufer brütet der Hoatzin, dessen Junge gut schwimmen können.
Auf den Bäumen findet man kleine, knallbunt gefärbte Frösche. Die Haut dieser Pfeilgiftfrösche gibt eine giftige Substanz ab, die schon in winzigen Mengen tödlich wirkt. Der Tukan pflückt mit seinem riesigen Schnabel Früchte von den Bäumen.
Die großen, bunt gefärbten Aras sind schon selten geworden, weil man sie fängt, um sie als Käfigvögel zu verkaufen. Die winzigen Kolibris schwirren von Blüte zu Blüte, um Nektar zu saugen.
Das Wasserschwein ist mit 1,3 Meter Körperlänge das größte Nagetier der Welt. Es hält sich in der Nähe von Gewässern auf und kann sehr gut schwimmen. Ein mit den Meerschweinchen verwandtes Nagetier ist das Paka. Es ist nachtaktiv wie der Wickelbär. Dieser Baumbewohner hält sich mit seinem langen Wickelschwanz beim Klettern an den Ästen fest.
Der Brüllaffe hat die lauteste Stimme im Tierreich. Besonders bedroht ist das Löwenäffchen, das nur noch in wenigen Gebieten vorkommt. Das größte Raubtier im Regenwald ist der Jaguar. Er jagt vorwiegend nachts.

WUSSTEST DU, ...?

■■■ daß die Meerechsen von Galapagos auf dem Meeresgrund Pflanzen abweiden?

■■■ daß es Spinnen gibt, deren Spinnfäden so stabil sind, daß man daraus Fischernetze herstellt?

■■■ daß Bären kurzzeitig so schnell wie ein galoppierendes Pferd laufen können?

■■■ daß es Würmer gibt, die bis zu 30 Meter lang werden können?

■■■ daß die seltenen Komodo-Warane die größten Echsen sind? Sie werden bis zu drei Meter groß.

■■■ daß der Goliathfrosch 40 cm groß werden kann und damit der größte Frosch ist?

■■■ daß der Walhai der größte Fisch mit 18 Meter Länge ist?

■■■ daß der afrikanische Strauß der größte Vogel ist?

■■■ daß der Fächerfisch der schnellste Schwimmer ist? Er erreicht Geschwindigkeiten von 100 km/h.

■■■ daß das Männchen des Wanderfalken Terzel heißt, weil er um ein Drittel kleiner als das Weibchen ist?

■■■ daß der kubanische Zwergfrosch nur 1 cm groß wird?

■■■ daß die südamerikanischen Pfeilgiftfrösche die giftigsten Tiere der Welt sind?

■■■ daß es einen kleinen Papageien gibt, der sich mit dem Kopf nach unten an Zweige hängt und dabei schläft?

■■■ daß die Krokodile die nächsten lebenden Verwandten der Vögel sind?

■■■ daß ein Esel 100 Jahre alt werden kann?

■■■ daß der Netzpython die längste Schlange mit bis zu neun Meter Länge ist?

■■■ daß der Puma das größte Verbreitungsgebiet aller Raubkatzen hat?

■■■ daß der Echsenfinger-Gecko das kleinste Kriechtier mit nur 4 cm Länge ist?

■■■ daß der Riesensalamander 1,5 Meter lang werden kann und damit der größte Lurch ist?

■■■ daß der Höckerschwan der schwerste flugfähige Vogel ist?

■■■ daß das Mauswiesel das kleinste Raubtier ist? Es wird höchsten 18 cm lang.

■■■ daß der Moschusochse die längsten Haare im Tierreich besitzt? Sie werden 90 cm lang.

■■■ daß Gottesanbeterinnen und manche Spinnen ihre Männchen nach der Paarung auffressen?

■■■ daß der Blauwal das größte Tier ist und so viel wiegt wie 23 Elefanten?

■■■ daß das Orinoko-Krokodil das größte Kriechtier mit über sieben Meter Länge ist?

■■■ daß das Chamäleon das Tier mit der längsten Zunge im Vergleich zum Körper ist?

■■■ daß die Hummel-Fledermaus aus Thailand das kleinste Säugetier der Welt ist? Sie wird nur 3 cm groß.

■■■ daß der Tukan der Vogel mit dem größten Schnabel im Vergleich zum Körper ist?

■■■ daß Gespenster-schrecken die größten Insekten sind? Sie können 40 cm lang werden.

QUIZ

Du findest in diesem Buch vier Quizseiten. Aus den richtigen Antworten auf die Fragen entsteht auf jeder Quizseite ein Lösungswort. Wenn du die Lösungsworte hintereinander schreibst, erhältst du den Lösungssatz.

1. Was ist Walrat?

- **I** Eine Art Wachs
- **L** Eine Versammlung von Walen
- **Z** Ein Fahrrad für Wale

2. Wie orientieren sich Zugvögel?

- **P** Mit einer Landkarte
- **M** Nach Sonne und Sternen
- **A** Nach dem Geruch

3. Wie halten sich Geckos an der Decke fest?

- **W** Mit winzigen Häkchen
- **U** Mit Saugnäpfen
- **E** Mit Steigeisen

4. Was sind Schnellkäfer?

- **P** Käfer, die schnell laufen können
- **E** Rennwagen
- **A** Käfer, die hoch springen können
- **W** So etwas ähnliches wie Schnellhefter
- **U** Wasserkäfer

5. Was ist das Besondere an Beilbauchfischen?

- **S** Sie können fliegen
- **K** Sie können Holz hacken
- **G** Sie schwimmen mit dem Bauch nach oben
- **A** Sie gehören zu den Tiefseefischen
- **D** Sie können laufen

6. Was ist ein Quastenflosser?

- **J** Ein Malerpinsel
- **E** Eine Kaulquappe
- **S** Ein Fisch

7. Wo verbringt das Faultier die meiste Zeit?

- **E** Es hängt am Baum
- **A** Es liegt im Bett
- **O** Es schläft in einer Höhle

8. Was ist ein Flughörnchen?

- **G** Eine fliegende Eiswaffel
- **N** Ein fliegendes Nashorn
- **R** Ein Nagetier

4. und 5. Lösungswort:

1	2		3	4	5	6	7	8

REGISTER

Die fettgedruckten Zahlen weisen auf eine Abbildung hin.

Impressum

Umschlaggestaltung: Atelier Reichert, Stuttgart, unter Verwendung von 1 Farbfoto von Sunset/Fotoservice Silvestris, Kastl (Mandrill), 1 Farbfoto von Werner Layer/ Fotoservice Silvestris (Erdmännchen), 2 Farbfotos von Günter Ziesler/Tierbildarchiv Angermayer (Kolibri, Gepard), 1 Farbfoto von Rudolf König (Hai) sowie einer Farbillustration von Marianne Golte-Bechtle.

Mit 34 Farbillustrationen und 37 s/w-Illustrationen von Sabine Drobik, Rottenburg-Oberndorf; 34 Cartoons von Klaus Häring, Creußen.

Mit 98 Farbfotos von:
Rudolf Altevogt, Münster (S. 10 o.), Toni Angermayer/ Tierbildarchiv Angermayer, Holzkirchen (S. 17, 28 o.), A.N.T./Fotoservice Silvestris, Kastl (S. 66/67), Heiko Bellmann, Lonsee (S. 26 o.r.), Robert Bruckner/ Fotoservice Silvestris, Kastl (S. 52 u.r.), Peter Colditz, Obergünzburg (S. 88 o.), R. Cramm/Juniors Tierbild-Archiv, Thalfingen (S. 63 o.r.), R. Cramm/Fotoservice Silvestris, Kastl (S. 42 u.r.), Manfred Danegger/Fotoservice Silvestris, Kastl (S. 21 M.r.), Hans D. Dossenbach, CH-Schlatt (S. 12 u., 14, 16 o.r., 20 u.r., 24, 30, 32 M., 35 o.r., 36 u.r., 40, 56 o.r., 63 o.l., 68, 69 o.r., 74, 76, 84), Monika Dossenbach, CH-Schlatt (S. 43 u.), F. Dutzler/ Juniors Tierbild-Archiv, Thalfingen (S.43 o.l.), M. Essler/ Juniors Tierbild-Archiv, Thalfingen (S. 18/19), Hans Fricke, Seewiesen (S. 70/71), R. Groß/Fotoservice Silvestris, Kastl (S. 80 o.), Fotoservice Silvestris, Kastl (S. 43 o.r.), Michael Herzog/Herzog Bildarchiv, Kaufbeuren (S. 31 M.r., 69 o.l., 82, 87, 88 u., 89 M.r.), M. Herzog/S. Meyer, Kaufbeuren (S. 86), Hiltrud Holtmann, Münster (S. 73 M.), J. Holtstein/ Juniors Tierbild-Archiv, Thalfingen (S. 20 M.l.), Eric und David Hosking/Fotoservice Silvestris, Kastl (S. 42 o.), Wally u. Burkhard Kahl, Oberstenfeld (S. 9 o.), Rudolf König, Kiel (S. 9 M., 10 u., 28 u., 32 u., 36 o., 46, 49 o., 56 o.l., 58 o., 62 l., 77, 79 o.l.), Sigi Köster/Tierbildarchiv Angermayer, Holzkirchen (S. 39, 47), Frank Lane/Fotoservice Silvestris, Kastl (S. 6, 42 l., 58 u.l., 79 o.r.), Werner Layer, Mannheim (S. 31 u.l.), Alfred Limbrunner, Dachau (S. 56 u., 80 o.), Beate Ludwig, Gießen (S. 89 u.l.), Orion Press/ Fotoservice Silvestris, Kastl (S. 16 u.l.), H. Pfletschinger/ Tierbildarchiv Angermayer, Holzkirchen (S. 73 o.), Fritz Pölking/Tierbildarchiv Angermayer, Holzkirchen (S. 64, 65), Hans Reinhard/Tierbildarchiv Angermayer, Holzkirchen (S. 34, 38), Reinhard-Tierfoto, Heiligenkreuzsteinach (S. 20/21, 26 M.l., 35 M., 36 u.l., 75, 80 u., 89 o.l.), Walter Rohdich/Fotoservice Silvestris, Kastl (S. 32 o.), Günter Schlottmann, Paderborn (S. 15), K. Vogt/Juniors Tierbild-Archiv, Thalfingen (S. 25), Maximilian Weinzierl/Fotoservice Silvestris, Kastl (S. 51), H. Welke/Juniors Tierbild-Archiv, Thalfingen (S. 52 o.l.), Martin Wendler/Fotoservice Silvestris, Kastl (S. 53), Roger Wilmshurst/Fotoservice Silvestris, Kastl (S. 21 M.u.), Peter Zeininger, Lohhof (S. 18 M., 49 M., 58 u.r., 66 l.), Günter Ziesler/Tierbildarchiv Angermayer, Holzkirchen (S. 12 M., 16 o.l., 54, 62 r., 67 o., 83).

Die Deutsche Bibliothek - CIP-Einheitsaufnahme

Das **Kosmos-Buch der Tierrekorde** / Gabriele Colditz. - Stuttgart : Franckh-Kosmos, 1994
ISBN 3-440-06200-7
NE: Colditz, Gabriele; Tierrekorde

ISBN: 3-440-06200-7
Lektorat: Almuth Sieben, Andrea Häberlein
Gesamtgestaltung: Atelier Reichert, Stuttgart
Reproduktion: Master Image, Singapure
Druck und Bindung: Printer Trento S. r. l., Trento

Die Erforschung des Regenwaldes ist ein Abenteuer besonderer Art: In keinem Gebiet der Erde gibt es so viele exotische Pflanzen und seltsame Tiere. Ihre Eigenarten, ihre Lebensbedingungen und Bedrohungen werden in **Tiere im Regenwald** anschaulich, gut verständlich und mit oft überraschenden Fakten dargestellt.

Die meisten Kinder kennen Teiche als heimischen Lebensraum aus eigener Anschauung. Welche geheimnisvolle Tier- und Pflanzenwelt sich jedoch im Wasser und am Ufer verbirgt, dafür öffnet das Buch **Tiere am Teich** die Augen. So bietet es Anreiz zum eigenen Erkunden, spannenden Beobachten und zu einem von Neugierde und Respekt getragenen Naturverständnis.

ISBN 3-440-06461-1

ISBN 3-440-06462-X

ISBN 3- 440-06624-X

Haustiere bei uns und in fernen Ländern, Haustiere früher und heute: Wie entstanden die Rassen, welche gibt es, und wie leben Menschen und ihre Haustiere zusammen? **Haustiere bei uns und anderswo** vermittelt nicht nur ein lebendiges Bild der Tiere unserer Bauernhöfe, sondern trägt auch zum besseren Verständnis für andere Kulturen bei.

Eine dunkle, eisigkalte Nacht, die viele Monate dauert, das ist der Winter im hohen Norden. Nur Tiere mit dicker Speckschicht oder eienm molligwarmen Fell können diese Kälte aushalten. Der Eisbär lauert auf Beute, und Wolfsrudel jagen Karibus und Moschusochsen. Robben, Walrösser und riesige Wale leben im arktischen Meer. Wenn der Schnee schmilzt, verlassen die Grizzlybären ihre Höhlen. Das Buch **Tiere im Hohen Norden** schildert anschaulich und verständlich die Lebensbedingungen und Besonderheiten der Tiere hoch oben im Norden.

ISBN 3-440-06695-9

Schmetterlinge schaukeln an bunten Blüten, Libellen sirren über den Gartenteich, und ein Rotkehlchen trillert in der Dämmerung. Sogar nachts sind Gartentiere unterwegs: Mauswiesel und Zwergfledermaus jagen im Schutz der Dunkelheit. Wie gut lassen sich Igel und Hummel im Garten beobachten, wenn man ihnen die richtigen Lebensbedingungen schafft! Das Buch **Tiere im Garten** bietet nicht nur Geschichten und Wissenswertes, sondern regt auch an zur Entdeckungsreise gleich vor unserer Haustür.

ISBN 3-440-06694-0

Franckh-Kosmos · Stuttgart

Umfassend und in lebendiger Sprache berichtet das Buch **Tierliebe mit Köpfchen** über das Zusammenleben von Menschen und Tieren. Ob Heimtiere, Nutztiere oder Wildtiere unserer Heimat – sie alle brauchen artgerechte, tierfreundliche Behandlung und unseren Schutz. Dazu bringt dieses Buch Informationen, Reportagen und viele praktische Tips. Der ideale Band für alle Kinder und Jugendliche, die Tiere lieben. Ein Buch zum Schmökern, Blättern, Informieren und Handeln.

ISBN 3-440-06452-2

Franckh-Kosmos · Stuttgart